Tobias Stubenazy

Waldwissen in Frage und Antwort

Die Grundlagen zu Wald und Boden

1. Auflage

Hinweis für die Benutzung

Erkenntnisse über Waldökosysteme unterliegen einer hohen Dynamik, bedingt durch Erfahrungen aus der Praxis und der wissenschaftlichen Forschung. Bei dem vorliegenden Buch wurde der aktuelle Wissensstand in seinen Grundlagen zusammengestellt. Das zusätzliche Hinzuziehen weiterer, schriftlicher Informationsquellen zur eingehenden Prüfung der Sachverhalte liegt bei dem Benutzer.

Die deutsche Nationalbibliothek listet diese Publikation in der Deutschen Nationalbibliografie. Angaben hierzu finden sich unter: http://www.d-nb.de/

Impressum
Copyright © 2021 Tobias Stubenazy
Websweilerstraße 44, 66424 Homburg-Jägersburg
tstubenazy@gmail.com

Vorwort

Häufig wird der Wald in der heutigen Zeit romantisiert und fälschlicherweise wie ein Wald aus alten Märchen wahrgenommen, mit jahrhundertealten Baumriesen eingebettet und umrahmt von Urwäldern— plausibel, da Großstädte als Stadtlandschaften ein Gegenbild darstellen. Teil der Waldwahrheit ist aber auch, dass jeder Quadratmeter Boden in Mitteleuropa jemandem gehört. Die eine, reine oder freie Natur gibt es nicht — wohingegen die kultivierte Natur häufig seit Jahrtausenden im Gebrauch ist zum Wirtschaften, Leben und Überleben.

Der hohe Waldanteil in Mitteleuropa verpflichtet zu einem sorgsamen und nachhaltigen Umgang — auch weil Deutschland Nettoimporteur von Holz ist und der lokale Bedarf weiter steigen wird. Dabei ist Wald weit mehr als ein landwirtschaftliches Feld mit hundertjähriger Fruchtfolge oder gar eine Holzfabrik mit Anbaufläche. Er ist ein seit der letzten Eiszeit gewachsenes, vielfältiges Ökosystem. Die Waldlandschaft befindet sich in einer spannungsreichen Umgebung mit konkurrierenden Nutzungsformen und zunehmenden Gefährdungen. Faktoren, die sich im Zusammenwirken potenzieren und zu einer Destabilisierung von Waldökosystemen führen können. Zu nennen sind die weltweite Verbrennung fossiler Energieträger, die zunehmende Globalisierung und deren Folgen, die in Extrem-Ereignissen und Kalamitätsnutzungen resultieren. Ein Leben und Überleben in diesem n-dimensionalen Hyperraum mit seinen zahlreichen ökologischen Nischen wird immer schwieriger. Wald bietet mit seinen wenig zerschnittenen naturnahen Strukturen heute meist das letzte Rückzugsgebiet bzw. den Schutzraum für das Vorkommen von heimischen, häufig scheuen bzw. empfindlichen Arten und Sympathieträgern.

Die Troika aus Artenvielfalt, Schutz und Nutzung im Wald wird in Teilen immer noch unterschätzt. Dabei ist der Erhalt von Wald eine Aufgabe für Generationen. Das vorliegende Frage- und Antwortbuch möchte unterstützen, das Besondere am Vertrauten zu entdecken, egal ob für Naturinteressierte, zu Ausbildungszwecken oder um den Wert des Waldes, nicht aber den börsennotierten Preis, besser zu verstehen. Daneben soll ein Verständnis geweckt werden für den Lebensraum, als Adresse einer Art. Dafür behandelt das Buch auch die grundlegenden biozönotischen Grundprinzipien. Gleichfalls wurden Merkhilfen und praktische Tipps eingearbeitet.

Tobias Stubenazy
im Frühjahr 2021

Allgemeine Tipps und Hinweise

Zur optimalen Verinnerlichung von Waldwissen, empfiehlt es sich, neben dem theoretischen Studium regelmäßig den Wald aufzusuchen — zwei bis dreimal die Woche über wenige Monate eignen sich, um Thema für Thema vorzubereiten. Auch die Diskussion in einer Gruppe bietet sich an, das eigene Wissen zu kontrollieren, zu prüfen was möglicherweise unklar geblieben ist und gleichzeitig Sicherheit zu gewinnen in der strukturierten, freien Rede. Zudem macht Lernen in der Gruppe mehr Spaß, man bleibt in Kontakt.

Die Angaben entsprechen dem Kenntnisstand und den Standards zum Zeitpunkt der Veröffentlichung. Davon können abweichende Vorgehensweisen üblich sein.
Zweck des Buches ist, sich durch häufiges Wiederholen ein inhaltliches und strukturiertes Wissen anzutrainieren. Die Bedeutung der Kästen ist wie folgt:

Frage
Antwort

Inhaltsverzeichnis

Was versteht man unter einem Baum?

Ein Baum ist ein langlebiges Holzgewächs, bestehend aus Wurzel, Schaft und Krone.

Was versteht man unter Wald im Sinne des Gesetzes?

Wald im Sinne des Gesetzes: z.B. nach §2 Bundeswaldgesetz: (1) „Wald im Sinne dieses Gesetzes ist jede mit Forstpflanzen bestockte Grundfläche. Als Wald gelten auch kahlgeschlagene oder verlichtete Grundflächen, Waldwege, Waldeinteilungs- und Sicherungsstreifen, Waldblößen und Lichtungen, Waldwiesen, Wildäsungsplätze, Holzlagerplätze sowie weitere mit dem Wald verbundene und ihm dienende Flächen." Kein Wald im Sinne des Gesetzes sind regelmäßig Flächen mit Baumgruppen, Reihen, oder Kurzumtriebsplantagen. Darüber hinaus gibt es in den Bundesländern Legaldefinitionen, die eine Waldfläche ähnlich definieren; über das Vorkommen von Holzgewächsen, einer bestockten Mindestgrundfläche (z.B. min. 2000m^2) und einer durchschnittlichen Mindestbreite (z.B. min. 10m). Oftmals gehören Grundflächen, deren forstlicher Bewuchs vorübergehend vermindert ist und dauernd unbestockte Grundflächen — insoweit sie in einem unmittelbaren räumlichen und forstbetrieblichen Zusammenhang mit Wald stehen (z.B. Forststraßen, Lagerplätze, Seiltrassen, Waldschneise) — ebenfalls zum Wald.

Was versteht man unter Wald im naturwissenschaftlich/ökologischen und forstwirtschaftlichen Sinne?

- **Naturwissenschaftlich/ökologisch:** Wald als eine Fläche mit einem vernetzten Gebilde und komplex zusammenwirkenden Lebensgemeinschaften, die so dicht mit Waldbäumen bestockt ist, dass sich ein Waldinnenklima bilden kann, welches sich wesentlich von dem des Freilandes unterscheidet.

- **Forstwirtschaftlich:** Eine Fläche mit einem Holzzuwachs, die ein Nutzungspotential bzw. eine opportunistische Holznutzung von >1 Festmeter/Jahr/Hektar ermöglicht. Nicht gegeben wäre das bei Flächen mit geringer Bonität, geringer Überschirmung, isolierten Kleinstflächen oder all jenen Bereichen, in denen dauerhaft keine Verbesserung der Wuchskraft gegeben ist für einen Wald.

Zusatzwissen

Das Waldinnenklima unterscheidet sich zum Freiflächenklima in Lufttemperatur und Feuchtigkeit, Niederschlagsregime und Verdunstung, Windstärken und Sonneneinstrahlung. Für die Ausbildung eines Waldinnenklimas sind bestimmte Höhen, Flächen und Dichten erforderlich. Natürlich ließe sich Wald auch literarisch (z.B. als Ort der Märchen), psychologisch (z.B. als Psychotop) oder wirtschaftlich (z.B. als Naturprodukt, natürliches Produktionsmittel, Kapitalanlage, Einkommensquelle) oder aus Sicht der Energiewirtschaft (z.B. als klimaneutrale Bioressource, erneuerbare Energie) definieren. Diese Definitionen sind wenig üblich, stellen aber die vielfältigen Rollen von Wald dar.

Was versteht man unter Primär- und Sekundärwald?

- **Primärwald:** Der Mensch hat den Wald nicht oder zumindest nicht wesentlich beeinflusst; „Urwald".
- **Sekundärwald:** Als vom Menschen beeinflusster Wald.

Zusatzwissen

Wald wurde in Europa großflächig vom Menschen verändert. Zum Beispiel durch den Anbau von rasch wachsenden Baumarten, wie Kiefer und Fichte, außerhalb ihres natürlichen Verbreitungsgebietes. Im Fall von Wäldern mit hohen Anteilen an gebietsfremden Nadelbäumen spricht man von sekundären Nadelwäldern. Häufig finden sich Nadelbäume auf Standorten natürlich vorkommender Laubwaldgesellschaften. Durch die Umsiedlung von Baumarten konnte die Holzproduktion vielfach gesteigert werden. Andererseits sind sekundäre Nadelwälder in für sie nicht typischen Gebieten häufig empfindlicher gegenüber Stressfaktoren (z.B. Befall durch Insekten oder Pilze).

Was sind Bannwälder?

Objektschutzwälder mit primärer Funktion, z.B. als

- **Erholungswald:** Waldflächen mit zumeist altem Baumbestand, breitem Angebot an „Wald-Mobiliar" (z.B. Schutzhütten, Spielplätze, Waldlehrpfade), hoher Wegedichte, guter Infrastrukturanbindung, insbesondere in Nachbarschaft zu Metropolen und Großstädten. Naturschutzfachliche und forstwirtschaftliche Interessen sind den Aspekten der Erholung (z.B. Sport, Waldbaden, Raum der Erholung) untergeordnet (vgl. § 13 Bundeswaldgesetz).
- **Schutzwald:** Hierzu zählen Waldflächen in bergigen Hanglandschaften, z.B. zum Schutz von tieferliegenden Bahntrassen oder Gemeinden gegenüber Erosion, Steinschlag, Starkregenereignissen oder Hochwasser. Flächen mit herausgehobener Stellung für das Klima (z.B. Kaltluftsenke, Luftreinigung) oder Aspekte wie Lärm- und Uferschutz zählen ebenfalls dazu.
- **Waldschutzgebiet:** Wohlfahrtswirkungen, insb. Aspekte des Naturschutzes sind schwerer gewichtet als die wirtschaftliche Nutzfunktion oder Wälder zur speziellen Gefahrenabwehr (z.B. Trinkwasser).

Zusatzwissen

Der historische Begriff „Bannwald" stammt aus dem Mittelalter und zeigte an, dass auf Waldflächen das Recht der Nutzung dem Landesherrn vorbehalten war (z.B. für Fischerei, Jagd, Waldnutzung).

Welche Funktionen erfüllt der Wald?

- **Erholungsfunktion**: z.B. Stätte für Sporttreibende und Erholungssuchende
- **Nutzfunktion**: Die Produktion und Nutzung von Holz, als ökologischen, nachwachsenden und umweltfreundlichen Rohstoff der Arbeitsplätze, Basis für nachgelagerte Industrien (z.B. Holz- und Papierindustrie) und Einkommensquellen ermöglicht.
- **Schutzfunktion**: z.B. Schutz vor Gefahren, wie Wasser, Wind, Erosion oder Geröll. Diese Funktion ergibt sich vor allem durch die Existenz eines gesunden Waldes.
- **Wohlfahrtsfunktion**: z.B. Wald als Senke und Speicher von Kohlenstoffdioxid (CO_2), Wälder, die Luft und Wasser filtern, reinigen und speichern, sowie Wälder, die aufgrund ihrer traditionellen Behandlungsstrategie einen Kulturwert aufweisen.

Zusatzwissen

Der Wald erbrachte in der Vergangenheit eine wirtschaftliche Funktion, die in ihrer Bedeutung als so hoch angesehen wurde, dass man davon ausging, dass die alleinige Holzproduktion die anderen Funktionen als Koppelprodukte bzw. im Kielwasser mitbereitstellt (sog. Kielwassertheorie). Diese Sichtweise wird heute überwiegend abgelehnt.

Was versteht man unter Nachhaltigkeit?

- Ertragskundlich/ökonomisch: Der Fokus auf einer nachhaltigen Sicherung der Holzproduktion und monetären Ertragsfähigkeit durch Holzzuwachs über die Zeit, z.B. auch unter Berücksichtigung der Generationen. Zusammenfassend heißt es in diesem Zusammenhang häufig: „Es wird nicht mehr genutzt als nachwächst".

- Ökosystemar/ökologisch - umfassender Nachhaltigkeitsbegriff: Die ökologisch angepasste und naturverträgliche Nutzung schöpft den Zuwachs ab, ohne das Kapital, also die natürlichen Lebensgrundlagen, wie die nachschaffende Kraft des Waldes und des Bodens, zu beeinträchtigen. Damit umschließt die Definition den Zustand (z.B. intakter Wald) als auch die Wirkungen bzw. Funktionen (z.B. Schutz) und Leistungen (z.B. Holzzuwachs und Holzernte).

- Gesellschaftlich/sozial: Ein demokratischer und friedlicher Meinungspluralismus eröffnet die Möglichkeit einer Meinungs- und Kompromissbildung der Menschen im Hinblick auf die vielschichtigen Ansprüche an die Funktionen bzw. Wirkungen und Leistungen des Waldes.

Zusatzwissen

Hannß Carl von Carlowitz (*1645 – †1714) erlebte niederschlagsarme Sommer, Stürme und Borkenkäferkalamitäten, auch in seiner Rolle als sächsischer Oberberghauptmann. Die abiotischen und biotischen Extreme brachten seinen heimatlichen Fichten- und Tannenwäldern schweren Schaden. Gleichzeitig kam es zu einem Raubbau am Wald für die Montanindustrie in Sachsen. Geprägt durch diese Eindrücke veröffentlichte er auf der Leipziger Ostermesse im Jahr 1713 das Werk „Sylvicultura oeconomica", das sich als erstes Buch mit der Lehre der Waldbewirtschaftung unter dem Aspekt der Nachhaltigkeit beschäftigte.

Welche Maßnahmen wurden eingeführt, um die Nachhaltigkeit im Wald zu gewährleisten?

- **Aus- und Fortbildung sowie Beratung**: z.B. Forstwirtausbildung, Forsttechniker*Innen, Forstwirtschaftsmeister*Innen, Forstinspektor*Innen, Forstassessor*Innen und die Etablierung von Forstlichen Bildungszentren, Forstschulen, Fachhochschulen und Universitäten, die sich den Waldthemen im Besonderen widmen.

- **Forschung**: z.B. Gründung von Ressortforschungseinrichtungen und Forstlichen Forschungsanstalten

- **Forsteinrichtung**: z.B. Inventuren, Forsteinrichtungswerke, Naturalcontrolling

- **Gesetzgebung**: z.B. Landes- oder Bundesgesetze und internationale Richtlinien

- **Walderleben, Umweltbildung und Information**: z.B. pädagogische Angebote (Führungen, Schulungen, Workshops, Ferienprogramme)

- **Waldschutz**: Schutz des Waldes gegenüber den vielfältigen biotischen und abiotischen Gefährdungen.

- **Waldpflege und Bewirtschaftung**: Beobachten, nutzen, unterlassen oder bewusstes Lenken und Steuern der Waldentwicklung, um die Ansprüche an den Wald bestmöglichst in Einklang zu bringen

Aus welcher Zeit stammen die ersten Gedanken zur Nachhaltigkeit?

- **1560 Kursächsische Forstordnung**
  Zielgruppe: Bergwerke. Obwohl der Begriff der Nachhaltigkeit noch nicht verwendet wurde, legte die Forstordnung bereits fest, dass nur so viel Holz genutzt werden darf, wie der Wald nachwachsen kann.
- **1661 Reichenhaller Forstordnung**
  Zielgruppe: Salzbergwerk, Bad Reichenhall. Begriffsprägung des „Ewigen Waldes" und damit eine frühe Ablehnung eines ungeplanten Kahlschlagbetriebs.
- **1713 Syvicultura Oeconomica: Naturgemäße Anweisung der Wilden Baum-Zucht**
  Lehrbuch. Begriffsprägung der nachhaltigen Waldbewirtschaftung

Eine dauernde Waldeinteilung in Abteilungen, unter Berücksichtigung der räumlichen Ordnung im Leitgedanken der Nachhaltigkeit, wird im Grundsatz unter anderem von folgenden bekannten Forstwissenschaftlern fixiert:

- **1775: Georg Hartig, Preußen**
  Massenfachwerke
- **1787: Johann Christian Paulsen**
  Beiträge zu Ertragstafeln
- **1804: Heinrich Cotta, Sachsen**
  Flächenfachwerke

Zusatzwissen

Heute ist die Nachhaltigkeit ein internationales Leitmotiv und als solches in zahlreichen auch nicht forstlichen Bereichen, Gesetzen und Verordnungen fest verankert.

Wer war Heinrich Cotta (*1763 – †1844)?

Heinrich Cotta war Begründer der modernen, nachhaltigen Forstwirtschaft. Er definierte den Begriff der Forstwissenschaft und leistete den Übergang von der „Holzzucht" zum „Waldbau" als eine ganzheitliche „Wissenschaft und Kunst zugleich". Zudem prägte er den Begriff „Waldbau" überhaupt erst, vor allem durch sein berühmtestes Buch "Anweisung zum Waldbau" (1817).

Zusatzwissen

Heinrich Cotta absolvierte seine Forstausbildung in Tharandt, nahe der sächsischen Landeshauptstadt Dresden, eine der weltweit ältesten forstlichen Ausbildungsstätten. Heute ist dieser Standort international bekannt für seine über 200-jährige Tradition in der forstlichen Forschung und Lehre. Darüber hinaus befindet sich in Tharandt einer der ältesten Forstbotanischen Gärten, gegründet im Jahr 1811 von Heinrich Cotta.

Welche Nutzungen, die im Zusammenhang mit dem Wald stehen, hat die Bevölkerung über die letzten Jahrhunderte ausgeübt?

- **Brenn- und Nutzholzgewerbe**
  z.B. Bau und Konstruktion im städtischen Siedlungsbau für die zunehmende Urbanisierung (z.B. Handwerkerholz, Schwellen- oder Mastenholz).
- **Großgewerbe**
  Bergwerke (z.B. Grubenholz für den Eisen-, Silber-, Kupfer- oder Salzbergbau)
  Eisen- und Erzhütten
  Glasbläsereien
  Porzellanherstellung
  Salzproduktion (z.B. in Salinen)
  Sägewerke
  Ziegel- und Kalkbrennereien
- **Logistik und Export**
  Zurücklegen selbst weiter Transportwege über Flüsse (z.B. Langholzflößerei, „Holländer-Handel")
- **Nebennutzungen**
  Beweidung von Waldflächen (Großvieh-, Wald- und Zeidelweide, Schweinemast)
  Reisig-, Nadel- und Laubstreunutzung
  Waldfeldbau
- **Waldgewerbe**
  Harznutzung (z.B. Terpene für Pharmazie und Drogerie)
  Köhlerei (z.B. Pottasche, Holzkohle als Energieträger für den häuslichen Einsatz)
  Lohegewinnung (z.B. Lederverarbeitung in Gerbereien)
  Rußherstellung (z.B. Schwarzpigment in der Farbindustrie)

Zusatzwissen

In den Wäldern erfolgte die Entnahme von Bäumen lange Zeit und in vielen Fällen unplanmäßig und unkontrolliert. Dies führte in manchen Regionen zu großflächigen Entwaldungen.

Welchen Einfluss hatte der Mensch vor 1900, der die Waldlandschaftsentwicklung und die Wälder zum Teil bis heute prägt?

- **landwirtschaftlicher Ergänzungsraum und Förderung von Nährwäldern**

  Jahrzehntelange starke Waldnutzung der Wälder, Energie- (Brennholz) oder Rohstofflieferant (Bauholz), aber auch Gewinnung proteinreicher Bucheckern, Eicheln, Früchte, Streu, Nüsse, Kräuter, Pilze. In Hutewäldern konnte keine Naturverjüngung stattfinden, aufgrund des Verbissdrucks der eingetriebenen Tiere (z.B. Ernährung, Mast und Waldweide von Rindern, Schafen, Schweinen), die über "Triften" in den Wald getrieben wurden. Noch heute sind Eichen und Buchen als ehemalige Mastträger auf Waldwiesen, als Kulturrelikte dieser alten Nutzungsformen erkennbar; lokal dominierte die eichengeprägte Mittelwaldwirtschaft. Heute bieten diese Bäume wertvolle Biotopstrukturen.

- **vorindustrielle Industriegebiete**

  Waldflächen wurden gerodet, um etwa Aschenlauge oder Holzkohle für Eisen- und Glashütten, Harze und Gerberlohe zu erzeugen. Die dadurch entstandenen Wüstungen sind in heutiger Zeit z.T. noch als große Wiesenflächen im Wald erkennbar.

- **Umwandlungswellen**

  Umwandlung von (Laub-) Mittel- und Niederwald zum (Nadel-) Hochwald durch Kahlschlag der verlichteten Wälder und darauffolgende Saat (z.B. mit Kiefer) oder Pflanzung (z.B. mit Fichte). In Hanglagen wurde zur Einbringung der Kiefer häufig zusätzlich hangparallel der Oberboden verwundet.

- **Einteilung von Waldflächen**

  Kartografische Gliederung der Wälder in ausgewählte Bereiche, die Forstordnungen und den Nachhaltigkeitsgedanken als Reaktion auf die Bedeutung von Wald und Holz unterlegt wurden; z.B. Reichswald bei Kaiserslautern oder Nürnberger Reichswald.

Welche Bedeutung hatten Notzeiten in der Waldlandschaftsentwicklung?

Notzeiten waren Abschnitte, in denen die Bevölkerung verstärkt den Wald nutzte. So etwa in Jahren mit ungewöhnlichen Wetterphänomenen (z.B. Hungerwinter) oder nach Kriegen, die in individuellen Notlagen (insb. der ärmeren Bevölkerung) resultierten oder diese verschärften. Durch den in der Regel kostenfreien Zugang der Bevölkerung zum Wald und da Nutzungen vielfach als Gewohnheitsrechte lokal fest verankert waren (z.B. Sammeln von Raff- und Leseholz) waren Intensität und Umfang der Einflussnahme lokal unterschiedlich.

Was waren Gründe für die Streunutzung im Wald?

Ziel war die Gewinnung von Nährstoffen für die Landwirtschaft. Vielfach herrschte nicht nur ein Mangel an Heu oder Stroh, sondern an Nährstoffen. In der Landschaft kam es folglich zur einseitigen Verlagerung von Nährstoffen. Als Entzugssystem für die Bereitstellung von Nährstoffen dienten forstwirtschaftliche Flächen.

Zusatzwissen

Die Gewinnung von Streu als Futterlaub wurde besonders in siedlungsnahen, laubwaldreichen Gebieten ausgeprägt ausgeübt. Augenscheinlich treten die Effekte der Streunutzung in streugenutzten Bereichen bzw. mit ehemaliger Waldweide im Vergleich zu solchen Bereichen auf, in denen es diese Nutzung nicht gab. Zu Beginn des 20. Jahrhunderts gab es unterschiedlichste Verfahren zur Streugewinnung im Wald, teils auch maschinell (z.B. unter Einsatz von Seilbahnen). Bis in die Mitte des 20. Jahrhunderts war zudem das sogenannte „Plaggen" verbreitet. Bei diesem Verfahren wurde humoses Oberbodenmaterial als Stalleinstreu verwendet und anschließend mit Tierexkrementen vermengt, um es als Ackerdünger auszubringen.

Was sind die Folgen der damals durchgeführten Streunutzung?

- für den Boden

Bodendegradation und -devastierung durch Bodenversauerung (geringe Basensättigung), Auswaschung und Verlagerung von Feinerde und Mineralstoffen, abnehmendes Porenvolumen, flacher werdende Durchwurzelung, reduzierter Mineralbodenaufschluss

Verschärfte (Temperatur-) Extreme durch höhere Verdunstung und schlechtere Wasseraufnahme- und haltefähigkeit

- für den Wald

durch Humusabtrag und Nährstoffentzug fehlen dem Baum wichtige Nährstoffe aus der Streu (insb. Unterbrechung des Nährstoffkreislaufs und fehlende Umwandlung).

Zuwachs- und Vitalitätsverluste (z.B. Wipfeldürre) und gleichzeitig eine höhere Anfälligkeit der Bäume gegenüber Extremereignissen (z.B. Trockenjahre)

Wuchsdeformationen (z.B. Krüppelwuchs) und damit einhergehende sinkende Holzqualitäten

erhöhte Baummortalität und damit eine zunehmende Verlichtung der Waldorte, abgängige, baumzahlarme Wälder bieten jedoch auch hohe Artenvielfalt.

- für Waldpflege und Forstwirtschaft

erschwerte natürliche Verjüngung auf der einen Seite und auf der anderen erhöhte Aufwendungen (z.B. Pflanzungen und Saat) notwendig

Baumartenwechsel von anspruchsvollem Laub- hin zu genügsamen Nadelwald

verringerte Wuchskraft und damit verminderter Holzzuwachs und -einnahmen

Erhöhte Risiken, denn künstlich begründete Monokulturen und Sekundärwälder sind anfällig für Kalamitäten (z.B. Insektenfraß)

Wozu führten die verbesserten Transportmöglichkeiten Mitte des 19. Jahrhunderts/ Anfang des 20. Jahrhunderts im Allgemeinen?

- Allgemein

Erst mit einem Netz an Infrastruktur (z.B. Anlage von Forstwegen) war es überhaupt möglich, ein geregeltes, intensives Wirtschaften im Wald zu ermöglichen (insb. Erreichbarkeit, Kontrolle). Zudem wurde vielerorts der Grundstein gelegt, um größere Stämme in großen Mengen per Lastkraftwagen zu transportieren. Damit war der Transport nicht länger auf die Nutzung der Schwerkraft angewiesen (z.B. Wasser, Tiere oder per Hand).

Zusatzwissen

Das 19. Jahrhundert war voller Veränderungen. In der Forstwirtschaft ist das an den technischen Neuerungen (z.B. Industrie), am Handel (z.B. Kommunikation via Telegrafie), den Produktionsweisen, der verbesserten Mobilität (z.B. Eisenbahnbau, Schifffahrt), dem vielversprechenden Wissenschafts- und Ausbildungswesen (insb. Humboldtsches Bildungsideal) erkennbar.

Wozu führten die verbesserten Transportmöglichkeiten Mitte des 19. Jahrhunderts/ Anfang des 20. Jahrhunderts im wirtschaftlichen, ökologischen und gesellschaftlich Bereich?

- Ökonomisch/wirtschaftlich

Der Rohstoff Holz gewinnt weiter an Bedeutung (insb. durch kürzere Transportzeiten, Langholzverkauf, angestiegene Holzpreise). Waldbesitzer richten ihre Betriebe zunehmend wirtschaftlich aus. Es kommt zum Beginn der Kommerzialisierung der Forstwirtschaft, womit auch eine optimale Holzerzeugung und – verwendung, statt Energieholzproduktion in den Vordergrund treten. Einnahmen aus dem Holzverkauf fließen z.T. in den Gemeinde- und Staatshaushalt (z.B. für Schulen) zurück. Zunehmende Unabhängigkeit der Landwirtschaft vom („Nähr-") Wald und abnehmende Nutzung als landwirtschaftlicher Ergänzungsraum (insb. Nebennutzungen).

- Ökologisch

Standortangepasste, heimische Laubbaumwälder (insb. Buchen- und Eichenwälder) werden aufgrund fehlender wirtschaftlicher Behandlungsmodelle und -erfolge zunehmend durch wirtschaftlichere, ertragstarke, einfach behandelbare Nadelbaumwälder ersetzt, insb. die geregelte Waldpflege in Form vom Hochwaldbetrieb.

- Gesellschaftlich/Sozial

Wirtschaftliche Interessen nehmen zu, dadurch verlieren jagdliche Ziele für Waldbesitzer (insb. den Adel) an Bedeutung. Rückgang der Fallzahlen an Waldfrevel
Forstausbildung wird weiter professionalisiert
Staatliche Forstpolitik forciert zunehmend vorrats-, zuwachs- und gewinnreiche Hochwälder zur Holzproduktion (insb. Altersklassenwälder zur Gewinnung von Bau- und Nutzholz. Maßnahmen: Vorratsanreicherung, Erhöhung der Umtriebszeiten)
bisherige Nieder- und Mittelwaldwirtschaft (insb. Brennholz- und Ausschlagswald) verliert an Bedeutung

Was ist Niederwald?

- Niederwald

Waldfläche mit dem Ziel der Energieholzgewinnung (z.T. auch von Eichenrinde oder Hölzer für Weinbau), die aus vegetativer Verjüngung im Ausschlagwald (ins. Stockausschlag und Wurzelbrut) hervorgeht. Die Bewirtschaftung erfolgt in äußerst kurzen Umtriebszeiten zwischen 5 und 40 Jahren, womit diese Waldform regelmäßig nur geringe Baumhöhen aufweist. Typische Baumartenvertreter sind etwa Eiche, Hasel, Hainbuche, Pappel, Robinie oder Weide.

Zusatzwissen

Auch durch die mancherorts rückläufige Nachfrage, etwa an Brennholz, sind zahlreiche Niederwälder in der Vergangenheit nicht mehr nach ihrer traditionellen Bewirtschaftungsweise behandelt worden. Stattdessen wurde gezielt die Pflege in Richtung Hochwälder forciert oder die ehemaligen Waldorte sind schlicht überaltert.

Was ist der Unterschied zwischen Mittel- und Hochwald?

- Mittelwald

Der Mittelwald nimmt eine Position zwischen Nieder- und Hochwald ein. Er besitzt vegetative (Ausschlag) und generative (Kernwuchs) Vermehrungsmerkmale. Die Produktion von Energieholz geschieht in der Unterschicht mit Umtriebszeiten zwischen 20-40 Jahren. Bau- und Konstruktionsholz wächst in der Oberschicht heran, mit Produktionszeiten bis über 180 Jahre. Typische Baumartenvertreter sind Eiche, Hainbuche und Edellaubbäume.

- Hochwald

Im Regelfall aus generativer Verjüngung (Kernwuchs) entstanden, selten vorkommend sind auch durchgewachsene Mittelwälder aus vegetativer Verjüngung (z.B. bei Eiche). Im Hochwald werden die höchsten Baumhöhen (zwischen ca. 30 und 70m mehr möglich) und Umtriebszeiten (bis zu ca. 300 Jahren und mehr) erreicht.

Zusatzwissen

In der Bewirtschaftung eines Hochwaldes lässt sich der schlagweise Hochwald (= Altersklassenwald bzw. gleichaltrige Reinbestand) von dem ungleichaltrigen Mischwald (= Dauer(misch)wald) abgrenzen. Der Dauerwald besitzt dauerhaft einzelbaumweise Erntemöglichkeiten und dauerhafte Verjüngungszugänge. Dagegen sind im schlagweisen Hochwald Ernte und Verjüngung zeitlich eng gekoppelt, der Aufwand ist damit relativ gering.

Was sind Vor- und Nachteile eines schlagweisen Hochwaldes?

- **Vorteile**
    Holzqualität, ggf. höher
    Überschaubarer Aufwand (Inventur, Planung, Kontrolle, Bewirtschaftung)
- **Nachteile**
    Relative Arten- und Strukturarmut bei gleichzeitig hohen Risiken

Zusatzwissen

Die Frage der Holzqualität ist stark verbunden mit dem Aspekt der nachbarschaftlichen Konkurrenz und der Dichte an Bäumen in einem Waldort. Eine hohe Baumzahldichte führt regelmäßig zu einem langsamen Durchmesserwachstum, engen Jahrringen, dünnen Astdurchmessern im unteren Stammbereich und einer nur geringen Abholzigkeit vom Stamm. Dagegen zeichnet sich eine geringe Baumzahl und geringe nachbarschaftliche Konkurrenz durch hohe Durchmesserzuwächse am Stamm und an Ästen aus, verbunden mit guten Stabilitätseigenschaften und einer zumeist guten Vitalität.

Welchen Einfluss hatte der Mensch im 20. Jahrhundert, nach dem 1. Weltkrieg mit Beginn der 1920er Jahre, der die Waldlandschaftsentwicklung und die Wälder zum Teil bis heute prägt?

- **Nach dem 1. Weltkrieg mit Beginn der 1920er Jahre**
    Technische Fortschritte, wie der Bau der ersten Motorsägen

Welchen Einfluss hatte der Mensch nach dem 2. Weltkrieg und in den Folgejahrzehnten, der die Waldlandschaftsentwicklung zum Teil bis heute prägt?

- Nach dem 2. Weltkrieg

Reparationshiebe der Besatzungsmächte führten zu Großkahlschlägen, großen Entwaldungen und Verwüstungen von Waldflächen. Das so entstandene devastierte Ödland wurde mit den wenig anspruchsvollen, weniger forstgefährdeten Nadelbäumen wiederaufgeforstet. Diese Maßnahmen trugen zum großflächigen Fichten- und Kiefernanbau und zur weitgehenden Verdrängung von Buchen- und Eichenwäldern bei. Die Böden waren für die Wiederbewaldung mit vielen Laubbaumarten nicht mehr geeignet, etwa durch den fehlenden Schirmschutz von Altbäumen und der damit verbundenen höheren Frostgefährdung. Häufig standen auch standortgerechte Baumarten im erforderlichen Umfang nicht zur Verfügung.

- Katastrophenereignisse

führten regelmäßig zu Holzverknappung und in der Folge zu einer erhöhten Holznachfrage, Übernutzungen, lokalen Waldverwüstungen und devastierten Waldformen.

- Waldsterben der 1980er Jahre

apokalyptische Untergangsszenarien, besorgniserregende Darstellung von Waldschäden in den Medien; eingeleitete Maßnahmen zur Luftreinhaltung, v.a. Schwefeldioxydreduktion, hatten sich positiv auf den Wald ausgewirkt.

- 1992 Konferenz der Vereinten Nationen über Umwelt und Entwicklung (Earth Summit) in Rio de Janeiro, 1993 Helsinki Resolution

Resolutionen zur nachhaltigen Sicherung der Waldressourcen, Multifunktionalität, biologischen Vielfalt, Produktivität, Verjüngungsfähigkeit, Vitalität, sowie der ökologischen, wirtschaftlichen und sozialen Funktionen. Seitdem wurden zunehmend Laubbäume begünstigend berücksichtigt.

Welchen Einfluss hatte der Mensch seit Beginn des 21. Jahrhunderts, der die Waldlandschaftsentwicklung und die Wälder zum Teil bis heute prägt?

- Waldsterben 2.0, insb. Baumsterben einzelner Arten (z.B. Ulme, Esche).
- Luftverschmutzung
- Klimawandel (Klimaerwärmung, Zunahme an Extremereignissen)
- bedenklicher Gesundheitszustand der Waldbäume (vgl. Waldzustandsberichte der Länder)

Zusatzwissen

Die wechselhaften Ziele und Ansprüche der im Wald wirtschaftenden Menschen und damit Phasen starker Nutzung bis hoher Ausbeutung sind bis heute im Waldbild sichtbar. Für viele Menschen war Holz häufig die einzig vorkommende Ressource. Öl, Gas oder Kohle waren nicht überall vorhanden und auch Wasser kommt aus dem Wald. Zugespitzt formuliert „der Mensch hatte sich in den Wald gefressen, denn er hatte häufig Holz-Hunger". Das Gesicht der heutigen Wälder ist damit immer auch ein Abbild der jeweiligen gesellschaftlichen Entwicklung.

Die Waldsituation in Deutschland ist dadurch mitgeprägt, dass quantitativ mehr Wald nicht unbedingt qualitativ besserer Wald bedeutet. Zahlreiche Wälder in Mitteleuropa befinden sich an der Spitze der Klimaentwicklung, in regionalen „Hotspots", die sich in ihrer Zusammensetzung rasant ändern.

Wie viel Wald gibt es auf der Erde?

Auf der Erde nimmt Wald rund 4 Milliarden Hektar ein. Vor der menschlichen Einflussnahme waren es mehr als 6 Milliarden Hektar Wald. Heute sind demnach rund ein Drittel der Landesoberfläche weltweit mit Wald bedeckt.

Zusatzwissen

Weltweit existieren mehr als 60.000 bekannte Baumarten, wovon ca. 200-300 wirtschaftlich gehandelt werden. Die Artenausstattung ist dabei nicht gleichmäßig über den Globus verteilt, sondern hat ihren Schwerpunkt im Amazonas mit mehr als 10.000 verschiedenen Baumarten. Das größte zusammenhängende Regenwaldgebiet unserer Erde liegt im Amazonasbecken in Südamerika.

Was sind die Gründe für die weltweite Abnahme an Waldfläche?

- **Rodungsmaßnahmen:** um den Rohstoff Holz zu gewinnen und zur Flächengewinnung, die dann in der Nahrungsmittelproduktion, dem Mineralabbau, der Ölgewinnung und zum Siedlungsbau eingesetzt werden.
- **Faktoren im Zusammenhang mit dem Klimawandel und der Globalisierung:** z.B. Waldbrände oder die Einwanderung, Einbringung und Verschleppung von gebietsfremden Krankheiten und Organismen, die perspektivisch weiter zunehmen.

Wie viel Wald gibt es in Europa (EU-Staaten)?

In Europa (EU-Staaten) gibt es mehr als 225 Mio. Hektar Wald. Das entspricht rund 1/3 der gesamten Landfläche Europas.

Die natürliche Artenausstattung an Bäumen in Mitteleuropa (ca. 60-80 Baumarten) ist verglichen mit Nordamerika (>100 Baumarten) vergleichsweise gering. Das liegt daran, dass die Alpen in West-Ost-Richtung eine natürliche Einwanderungsbarriere nach Eiszeiten bildeten. In Nordamerika streichen die großen Gebirgszüge der Rocky Mountains und Appalachen in Nord-Süd-Richtung. Zudem war dort eine insgesamt sehr viel größere Landmasse als Raum für Rückwanderungsbewegungen vorhanden. Europäische Refugien für Bäume stellten die Bereiche südlich und südöstlich der Alpen dar, ehe es mit klimatisch günstiger werdendem Klima ab ca. 8.000 v. Chr. zur schubweisen Rückwanderung von Arten kam. In Europa bestehen für die jeweiligen eiszeitlichen Refugien der einzelnen Baumarten charakteristische Wanderungsrouten, die u.a. mithilfe von Pollenanalysen herausgearbeitet wurden. Durch diese Rückwanderungen war der Wald vor 10.000 Jahren demnach ein anderer (v.a. Steppenwald bzw. -Tundra), als 8.000 vor Christus (v.a. Kiefern, Birken), 5.000 vor Christus (v.a. Rotbuchen, Weißtannen) oder in der Zeit nach Christus, in der der Mensch den Wald zunehmend prägte.

Wie viel Wald gibt es in Deutschland?

In Deutschland gibt es ca. 11 Millionen Hektar Wald. Rund 1/3 der gesamten Landfläche Deutschlands ist damit bewaldet.

Zusatzwissen

Bundesländer mit dem höchsten Waldanteil sind Rheinland-Pfalz und Hessen, dort sind ca. 42 Prozent der Fläche von Wald bedeckt.

Zur Abwehr von gebietsfremden Organismen und Krankheiten gibt es zahlreiche nationale und internationale Richtlinien, Verordnungen und Überwachungsprogramme. Zu ausgewählten Arten wie dem Asiatischen Laubholzbockkäfer oder der Kiefernholznematode findet daher auch Monitoring statt, das in transnationale Programme eingebettet ist.

Wie wird der Wald in Deutschland zahlenmäßig erfasst?

- **Bundeswaldinventur** (abgekürzt BWI): diese hat in den Jahren 1987 (BWI I), 2002 (BWI II) und 2012 (BWI III) letztmalig stattgefunden. Sie basiert auf einem Erhebungsnetz mit fester Methode, Raster und Trakten. Die Ergebnisse erlauben bundesweite und bundeslandspezifische Aussagen über den Zustand und Veränderung von Flächen, Vorräten, Nutzungen und Zuwächsen der Wälder. Darüber hinaus finden sich zahlreiche gliedernde Größen (z.B. Eigentumsart, Betriebsart).

- **Forsteinrichtung und Betriebsinventuren**: als periodisch wiederkehrende Erhebungen und Planungen, auf denen dann auch die Jahresplanungen für das Wirtschaftsjahr aufbauen.

Wem gehört der Wald in Deutschland?

- Von den rund 11 Millionen Hektar Wald sind 49 Prozent in privater Hand, den Bundesländern gehören 29 Prozent, gefolgt von Körperschaften (19 Prozent) und dem Bund mit 4 Prozent.

Zusatzwissen

Im Vergleich zum Bundesdurchschnitt kann es nochmals bundeslandspezifische Besonderheiten geben. In Rheinland-Pfalz umfasst der Körperschaftswald zum Beispiel rd. 47 Prozent der Landeswaldfläche, der Staats- und Privatwald sind mit Flächenanteilen von rund 26-27 Prozent etwa gleich vertreten, wobei es rund 330.000 Privatwaldbesitzer gibt. Im Kommunalwald bestehen rund 2000 kommunale Forstbetriebe mit durchschnittlich rund 200ha Wald. Dabei gibt es Kleinstbetriebe mit 20 Hektar Kommunalwald und mit mehr als >1000 Hektar (z.B. Kaiserslautern, Koblenz, Neustadt an der Weinstraße).

Wald, Klimawandel und Globalisierung

Wie sehen klimawandelbedingte Veränderungen (langsame Prozesse, schleichende Veränderungen), die sich auf den Wald auswirken, aus?

- Langsame Prozesse, schleichende Veränderungen: Die Änderung der Lufttemperaturen mit zunehmender Wärme, geringere Niederschläge, Trockenperioden und die Verschiebung der Regenmenge sind Faktoren, die wahrscheinlich kein Waldsterben wie in den 1980er Jahren auslösen. Dennoch werden Pflanzen unter künftigen Bedingungen weniger geeignet sein. Dies wird sich in veränderten Wuchsformen, Verschiebungen der Baumartenareale, Rückgängen der Holzproduktion und Einnahmeverlusten ausdrücken.

Zusatzwissen

Für eine Steigerung der Ertragsleistungen bei Bäumen spricht das Zusammenwirken in Mischwäldern, die eine höhere Produktivität besitzen, sowie erhöhte Lufttemperaturen, die die Vegetationszeit verlängern und Steigerungen in atmosphärischen CO_2-Luftgehalten, die bei ausreichend Wasser und Nährstoffen die Photosyntheseleistung steigert. Demgegenüber stehen geringere Sommerniederschläge, womit die Ertragsleistung sinkt. Vor allem werden jedoch höhere Winterniederschläge und damit einhergehende steigende Sturmereignisse erwartet, womit ein ansteigendes Risiko verbunden ist. Möglicherweise wird das Baumwachstum differenzierte Veränderungen aufweisen, mit hohen Wachstumsraten auf nährstoffreichen Böden ohne Wasserlimitierung und deutlichen Wachstumsdepressionen auf Böden mit sinkendem Nährstoffreichtum und eingeschränkter Wasserverfügbarkeit. Dies sind Aspekte, die eine besondere Beobachtung und Sorgfalt im Umgang mit dem Wald erfordern.

Wie sehen klimawandelbedingte Veränderungen (Extremereignisse und akuter Klimastress), die sich auf den Wald auswirken, aus?

- Extremereignisse und akuter Klimastress: Die Zusammensetzung der im Wald vorkommenden Pflanzen- und Tiergesellschaften (auch der Genvielfalt), der Zuwachs/ Produktivität, die Vitalität sowie eine geregelte planmäßige Bewirtschaftung des Waldes werden durch Klimawandel, die Globalisierung und neue Gegenspieler zunehmend neuen, auch akut auftretenden Gefährdungen unterliegen.

Zusatzwissen

Es zeigt sich, dass Grundwasser nicht unbegrenzt, bedenkenlos genutzt werden kann. Anschaulich wird das an dem Zusammenhang der zwischen oben (Baumwurzeln) und unten (kapillare Aufstieg des Grundwassers) besteht. Mit einem Zuviel an abgezogenem Wasser wird die kapillare Verbindung unterbrochen und die Bäume sind die ersten, denen das Wasser nicht mehr verfügbar sein wird, gefolgt von Brunnen der Landwirtschaft und Tiefbrunnen für die Trinkwasserversorgung.

Welche Ziele werden in der mitteleuropäischen Waldlandschaftsentwicklung verfolgt (Teil 1)?

- **Oberziel leistungsfähige, gesunde Mischwaldgesellschaften erhalten bzw. wiederherstellen**: durch standortangepasste Baumarten, wenig riskante Baumartenmischungen und -strukturen. Die Zielgrößen sind Artenvielfalt, Adaptionsfähigkeit, dynamische Stabilität, Resilienz oder etwa Regenerationsfähigkeit.

- **Bodenschutz**: Humus- und nährstoffreiche Waldböden mit ihrer natürlichen Bodenfruchtbarkeit und Wasserhaltekraft stärken die Toleranz der Wälder gegenüber Dürreperioden und Gegenspielern bzw. Schadorganismen.

- **Naturschutz**: Schutz der biologischen Vielfalt durch den Ausbau des Netzes an ökologischen Trittsteinen (z.B. Erhaltung alter Bäume und Baumgruppen, Waldrefugien oder Naturwaldreservaten) und damit einem bewussten Belassen von Totholzanteilen, Schutz und Förderung seltener Florenelemente, sowie ökologische Waldrandgestaltung und -pflege.

Welche Ziele werden in der mitteleuropäischen Waldlandschaftsentwicklung verfolgt (Teil 2)?

'- **Klimaschutz**: Bäume benötigen für ihr Wachstum Kohlenstoffdioxid (CO_2), sie entnehmen es aus der Luft und speichern es im Holz. Einerseits bilden sie damit eine Senke für CO_2 und andererseits ermöglichen sie so die Bindung in lebenden Bäumen und Totholz. Bäume können also dazu beitragen, soweit angepasst, die Folgen des Klimawandels abzumildern.

- **Trinkwasserversorgung**: Waldwasser, als sauberes Tiefenwasser aus forstlichen Grundwasserrückhaltesystemen. Tiefenwasserreservoirs können sich nur in extrem langen Zeiträumen wieder auffüllen.

- **Nachwachsender Biorohstoff Holz**: Die nachhaltige Waldnutzung, Ernte und Gewinnung von Holz aus den heimischen Wäldern, als ökologisch vorteilhaften Rohstoff, der Wertschöpfung und Arbeitsplätze in den ländlichen Räumen sichert (z.B. holzverarbeitende Industrie), eröffnet technologische Fortschritte in der Holzverwendung (z.B. Laubholz im Baubereich).

- **Windkraft**: Eine professionelle Planung geeigneter Standorte im Wald, der Bau von Windrädern, eine verträgliche Nutzung von Windenergie und ein intelligenter Energiemix dient der Energiewende, dem Schutz des Waldes und der Biodiversität.

- **Waldpflege und Waldschutz**: Schutz der Jungbäume (z.B. gegen Wildverbiss) und Aufbau stabiler, gesunder Wälder und Förderung natürliche Gegenspieler.

- **Vorbildfunktion der Öffentlichen Wälder**: Ausdruck der besonderen Gemeinwohlverpflichtung in Staatswäldern sind die naturnahe Waldwirtschaft, die vorbildliche Wildbewirtschaftung und Programme mit Vorbildcharakter in der breiten Fläche.

Was sind die Vor- und Nachteile eines Dauer(misch)waldes?

- **Vorteile**: Biodiversität, Resistenz, Resilienz zumeist relativ hoch
- **Nachteile**: Holzqualität, ggf. geringer und der erhöhte Aufwand in der Inventur, Planung, Kontrolle und Bewirtschaftung.

Welcher Handlungsbedarf besteht zur Sicherung der vielfältigen Ökosystemleistungen (Teil 1)?

- **Baumartenwahl**: Vermeidung von Grenzstandorten für Baumarten außerhalb des natürlichen Verbreitungsgebietes und weiterer Fokus auf standortgerechte, widerstandsfähige, arten- und laubbaumreiche Mischungen.
- **Waldpflege und integrierter Waldschutz**
- **Ökosystemverträgliche, arttypische Wildbewirtschaftung**: Verbiss und Schälen können sehr große Schäden anrichten. Junge Pflanzen können durch Verbiss der Gipfel- und Seitentriebe eingehen oder vor sich hinkümmern. Mittelalte Pflanzen, insbesondere Buchen und Eichen, werden durch Schälen des Rotwildes so geschädigt und die unteren Erdstammstücke so entwertet, dass sie nur noch als Brennholz genutzt werden können.
- **Standortverträgliche Verfahrenstechniken**: Reduzierung nicht naturverträglicher Nutzungen und ökologische Ausrichtung der Pflege- und Nutzungsstrategien (z.B. Förderung der natürlichen Verjüngung, Einbezug der Dynamik und Störungen als natürliche Einflussgrößen in klimastabilen Dauerwaldökosystemen).

Welcher Handlungsbedarf besteht zur Sicherung der vielfältigen Ökosystemleistungen (Teil 2)?

- **Wasserrückhalt im Wald**: Zurückhalten von Wasser durch Anlage kleiner Stauwehre, Tümpel, Wooge, Moor- und Bruchgebieten, um den verletzlichen Wasserhaushalt zu stützen.

- **Wissenschaftliche Versuche und Forschung**: Beginnend bei Baumarten- und Mischungsversuchen bis hin zur Entwicklung von Prognosemodellen unter Verwendung von Kreislaufansätzen und Informationen über Risiken und Störungen (z.B. Borkenkäfer, Waldbrand, Trockenheit).

Zusatzwissen

Bei dem kontinuierlichen und notwendigen Interessenausgleich ist festzustellen, dass sowohl Holznutzung, Naturschutz als auch Naturerholung bedeutend sind und deshalb ein kohärenter Reaktionsansatz erforderlich ist („die Mischung macht's"). Unterschiedliche Ansprüche und Interessen sind im Verbund mit professioneller Bewirtschaftung und durch ein breites Dienstleistungsspektrum für kommunalen und privaten Waldbesitz zu gewährleisten. Bestrebungen einer stärker betriebswirtschaftlichen Ausrichtung stehen Anforderungen der Gesellschaft an eine naturverträgliche anerkannte Forstwirtschaft gegenüber (erkennbar an Umfang und Platzierung der Themen als EU-Aufgabe). Wälder nehmen eine zu große Fläche ein, als dass man sie ohne Bedenken der Verantwortung weniger überlassen kann.

Womit beschäftigt sich die Standortkartierung?

- **Klassifikationssystem:** Zusammenfassung von Böden, die für die Vegetation ähnliche Ausgangsbedingungen bilden und bei denen sich die Eingangsgrößen (z.B. Bodenart, Gefüge, geologisches Ausgangsmaterial, Höhenstufe, Wasserhaushalt) nahestehen. Die Wurzelräume weisen gemeinsame Züge auf. Die Bildung und Gliederung von Kartiereinheiten aller vorkommenden Waldstandorte (z.B. Eigenschaften, Prozesse, Muster) dient der Optimierung der naturnahen, nachhaltigen forstlichen Bewirtschaftung (insb. auch Restriktionen).

Zusatzwissen

Die Standortkartierung fußt neben quantiativen und qualitativen Beziehungen auf Erfahrungswissen, um die z.T. komplexen, schwer messbaren (Fließ-) Größen zu erfassen.

Was versteht man unter Standort?

Die Gesamtheit, der für das Pflanzenwachstum relevanten abiotischen und biotischen Umweltfaktoren an einem abgegrenzten Ort.

Zusatzwissen

Eine wichtige Größe ist die Höhenstufe in der sich die Waldgesellschaft befindet, also ob planar (am tiefsten), kollin, montan oder alpin gelegen. Über Zusammensetzung und Wachstum entscheidet nämlich vor allem die Höhenstufe, denn mit zunehmender Seehöhe steigt in der Regel der Jahresniederschlag und die Durchschnittstemperatur nimmt ab.

Wozu dient die Standortkartierung?

Ziel ist die Erhaltung, Wiederherstellung oder der Schutz von Standorten als wesentliche Grundlage von Waldschutz, -forschung und -bewirtschaftung.

Die Standortkartierung ist in einem Kartierungswerk zusammengefasst, das aus einem Textteil und einem Kartenteil besteht. In Kleinräumen gibt es fließende Übergänge von Böden, Geologie, Waldgesellschaften und Behandlungsstrategien. Gleichermaßen gibt es gebietsspezifische Kompositionen mit vergleichbaren Strukturen. Informationen zu der standörtlichen Wuchskraft, den natürlichen Waldgesellschaften (insb. Gefährdungen, Eignungen) lassen sich datenbanktechnisch sammeln, auswerten und kausale Zusammenhänge ableiten. Zielsichere Aussagen zu Ernte- und Reproduktionsmöglichkeiten werden dann möglich. Auch bietet sich so ein Informationsmittel für die Planung und Entscheidungsfindung. So zum Beispiel das Erkennen von klimawandel-verwundbaren Regionen. Ähnlich verhält es sich bei der Identifikation von sensiblen Böden (z.B. kalkgründige Lösslehme), die zu bestimmten Zeiten besonders empfindlich reagieren auf Maßnahmen (z.B. Ernte und Befahrung).

Welche Standortfaktoren beeinflussen Pflanzenwachstum, Wasserhaushalt, Lufthaushalt, Nährstoffpotenzial, Nährstoffkreislauf und Energie?

- **Boden**: insb. die Bodenbiologie, -chemie und -physik
- **Klima**: z.B. lokal und großklimatische Einflüsse, als auch die verfügbare Energie (Wärmeangebot durch Licht und Strahlungsenergie), das Wasserangebot (z.B. Niederschlag) und die Gehalte von CO_2 in der Luft.
- **Lage und Geologie**: chemische und physikalische Untergrundeigenschaften, Relief, Exposition (z.B. eine windexponierte Flachhanglage ist vergleichbar bzw. weist Tendenzen zum Sonnenhang auf

Zusatzwissen

Neben den oben genannten Faktoren können Effekte durch Flora und Fauna (insb. tierische und menschliche Einflüsse, nachbarschaftliche Vegetation), Trockenheit oder etwa Erosion das Pflanzenvorkommen und -wachstum beeinflussen.

Die zonale Vegetation beschreibt die für eine Region typische Florenausstattung, aufgrund des vorherrschenden Großklimas. Veränderte Bodenbedingungen können zur Ausbildung einer azonalen Vegetation führen. Von einer extrazonalen Vegetation spricht man, wenn das Lokalklima dem Großklima des Hauptverbreitungsgebiets entspricht. Bei nicht-klimatischen Abweichungen, spricht man also von azonal, wohingegen lokale Klimacharakterstika die extrazonalen Verhältnisse hervorheben.

Nenne jeweils drei Standortmerkmale von Boden, Klima und Lage/Geologie.

- **Boden**, z.B. Bodenart, Gründigkeit und Humusgehalt
- **Klima**, z.B. Niederschlag, Temperatur und Strahlung
- **Lage/Geologie**, z.B. Exposition, Hangneigung und Höhe

Welcher Maßstab findet sich bei forstlichen Standortskarten?

1: 10.000

Gliedern Sie einen Vortrag zur Beschreibung eines Waldes unter Nennung wesentlicher Charakteristika.

- **Lokalität und Naturraum**: Gemarkung, Forstamt, Revier, Waldbesitzer, ggf. Waldort, Wuchsbezirk oder Landschaft
- **Relief**: Exposition, Hangposition, -Ausbildung, -Neigung
- **Klima**: Jahrestemperatur, Mitteltemperatur in der Vegetationszeit, Jahresniederschlagsmenge, mittlere Niederschlagsmenge der Vegetationszeit, klimatische Wasserbilanzen (Jahr, Vegetationsperiode), klimatische Eigentümlichkeiten (Geländeklima, z.B. Regenschatten, Früh- und Spätfrostgefahr, Nebel, Gewitter, vorherrschende Winde, Luftfeuchtigkeit)
- **Vegetation**: Kraut-, Moos-, Strauch- und Baumschicht, natürliche Vegetation (Pflanzengesellschaft) und heutige Vegetation (Forstgesellschaft)
- **Grundgestein**: geologische Herkunft, Schichtung, periglaziale Deckschichten (z.B. Ober-, Haupt-, Basislage)
- **Standörtliche Parameter**: Gründigkeit, Trophie, Wasserhaushalt, Exposition
- **Zuschusswasser**: Grund- oder Stauwasser (z.B. Gley, Pseudogley)
- **Sonstiges**: Waldfunktionen, die beachtet werden müssen

Wald, Wetter und Klima

Was ist der Unterschied zwischen Wetter und Klima?

- **Wetter**: Momentaufnahme und kurzfristiger Zustand der Atmosphäre (z.B. „kühler Sommer").
- **Klima**: Durchschnitt über einen längeren Zeitraum (min. >10 Jahre) und Verwendung mittlerer Verhältnisse der Atmosphäre in einem großen Gebiet. Die Abhängigkeit besteht vor allem von der geografischen Position und Lage (z.B. ozeanisch, kontinental).

Zusatzwissen

Die Meteorologie beschäftigt sich mit Witterung und Wetter, wohingegen das Klima Gegenstand der Klimatologie ist

Nenne Klimafaktoren.

- **Primär**: z.B. Sonneneinstrahlung, Verteilung von Land und Wasser, Meereshöhe
- **Sekundär**: ergeben sich aus den primären Klimafaktoren und umfassen die Kreisläufe der Erde, z.B. Meeresströmungen, Wasserkreislauf, atmosphärische Zirkulationen (z.B. auch Monsune).

Nenne Beispiele von Klimaelementen.

- **Luft**: Lufttemperatur, Luftdruck, Luftfeuchtigkeit, Luftbewegungen (Richtung, Stärke)
- **Niederschlag**
- **Verdunstung**: Potentielle Verdunstung, reelle Verdunstung
- **Strahlung**: Einstrahlung, Ausstrahlung

Zusatzwissen

Klimaelemente weisen die gemeinsame Eigenschaft der Messbarkeit auf.

Was ist der Unterschied zwischen Makroklima, Mesoklima und Mikroklima?

- **Makroklima**: Betrachtungsraum sind >500 km Ausdehnung, kontinental und global, z.B. globale Strömungen.
- **Mesoklima**: Betrachtungsraum sind mehrere hundert Kilometer, z.B. Landschaft
- **Mikroklima**: Betrachtungsraum sind wenige Meter bis Kilometer, z.B. Wohnraum

Was versteht man unter der Solarkonstanten (E_0)?

Intensität der Sonnenbestrahlung. $E_0 = 1370$ Js^{-1}m^{-2} = W/m^2

Was versteht man unter der Globalstrahlung?

Solarstrahlung, die auf der Erdoberfläche auf einer horizontalen Fläche auftrifft. Zusammengesetzt aus Direktstrahlung und diffuser Strahlung (Streuung an Wolken, Wasser, Erdoberfläche).

Nenne abiotische Stressfaktoren.

- **Abiotisch**: Wassermangel, Licht und UV-Strahlung, Frost, Hitze und Kälte, Feuer, Wind, Schnee, Schadstoffe, Salzbelastung, Mechanische Einwirkungen oder Belastungen

Zusatzwissen

Zu den biotischen Stressfaktoren zählen etwa Bakterien, Pilze, Insekten, Wild, Weichtiere, Vögel, Viroide, Viren, Nagetiere, (Parasitäre) Organismen und weitere Krankheitserreger.

Definieren Sie den Begriff „Boden".

- **vierdimensionale Naturkörper bzw. Ausschnitte aus dem obersten Bereich der Erdkruste**: Böden bestehen aus Aggregate des Feinbodens (z.B. Quarz, Silikate), Mineralien unterschiedlicher Art und Größe sowie organischen Stoffen (Humus) mit einem Hohlraumsystem, das Wasser und Luft aufnimmt und ein Beziehungs- und Wirkungsgeflecht von Gestein, Wasser, Luft sowie Bodenflora und -fauna, insb. lebende u. abgestorbene Wurzeln bildet. Pedosphäre: schmaler Grenzbereich der Erdoberfläche, in der sich Atmosphäre, Hydrosphäre und Lithosphäre überschneiden.

- **dient Pflanzen als Standort**: Böden sind Grundlage des Pflanzenwachstums in Ökosystemen und somit zugleich für alle Lebewesen, die sich direkt oder indirekt von Pflanzen ernähren.

- **bildet den Lebensraum für Reduzenten**

Böden entstehen durch das Zusammenwirken von verschiedenen bodenbildenden (pedogenen) Faktoren. Nennen und erläutern Sie die Faktoren der Bodenbildung.

Bodenbildung ist die vertikale (Aus-) Differenzierung mittels Bodenprozessen, die einen Boden überhaupt erst entstehen lassen. Der Boden ist eine Funktion von mehreren Faktoren:

$B = f (G, K, M, O, T) \cdot Z$

B – Boden

G – Ausgangsgestein, insb. chemischer Aufbau (z.B. Anteil an Carbonat)

K – Klima, insb. klimatische Wasserbilanz (z.B. Geschwindigkeit der ablaufenden Verwitterung)

M – Mensch (z.B. Düngung, Waldrodung, Entwässerungsmaßnahmen)

O – Organismen, insb. Vegetation (z.B. Art, Menge und räumliche Verteilung)

T – Topographie, insb. Relief (z.B. Exposition, Hanglage)

Z – Zeit

Zusatzwissen

Die klimatischen Bedingungen waren in den Zeitaltern sehr unterschiedlich. Das Tertiär war durch subtropische, v.a. intensive Verwitterungsphasen geprägt, wohingegen im Muschelkalk und Devon maritime und im Mittleren Buntsandstein überwiegend aride Verhältnisse herrschten.

Was ist ein Bodenhorizont?

Vertikale Bodendifferenzierung und Ausscheidung eines Bereichs mit hoher Homogenität, entstanden aus bodenbildenden Prozessen.

Zusatzwissen

Im Unterschied dazu sind „Schichten" ohne bodenbildende Prozesse bereits im Ausgangssusbstrat bzw. -material enthalten.

Was versteht man unter klimatische Wasserbilanz?

Klimatische Wasserbilanz = Niederschlag - potentielle Evapotranspiration

Zusatzwissen

In humidem Klima ist die Niederschlagsmenge größer als die potentielle Evapotranspiration, anders dagegen bei aridem Klima (Niederschlag < Evapotranspiration).

Nennen Sie bodenbildende Prozesse.

- **Gefügebildung**: Verbindende oder teilende Prozesse (z.B. durch Bodenbearbeitung, mechanischen Druck).
- **Humusbildung**: Bodenlebewesen wandeln während der Humifizierung und Mineralisierung organische Substanz um.
- **Redoximorphose**: Reduktion und Oxidation von Eisen und Mangan durch einen Wechsel der Sauerstoffverhältnisse und Bildung redoximorpher Merkmale in Böden (Sauerstoffmangel, z.B. in einem tonreichen, wasserstauenden Horizont schwarze Flecken (Fe-Sulfide) häufig; Sauerstoffzutritt, z.B. in Pseudogleyböden —> gelbe, rote bis schwarz-braune Oxidationsfarben (sog. Rostflecken bzw. Konkretionen (Fe-, Mn-Oxide)).
- **Stoffumlagerungen in der Landschaft**: Umlagerung etwa infolge von Wind-, Wasser- und Bodenerosion (z.B. Hangrutsch).
- **Turbation**: Prozesse der Durchmischung, z.B. Bioturbation (Aktivität von Organismen, Bodentiere, Wurzel), Hydroturbation (bei Tonböden führt Wasserzufuhr bzw. -reduktion zu einem Quellen bzw. Schwinden) oder Kryoturbation (bei Permafrostböden kommt es durch den Wechsel von Frost und Tau zu Durchmischungs- und Verlagerungsprozessen in der Auftauzone).
- **Verwitterung**: chemische Verwitterung, z.B. Hydrolyse (Einbau von Wassermolekülen) oder Protolyse (Säure-Base-Reaktion) und damit eine Veränderung der Verbindungsstruktur. Die physikalische Verwitterung, z.B. Frost-, Salz-, oder Wurzelsprengung führt zu keiner Veränderung der Verbindungsstruktur.

Zusatzwissen

Prozesse, wie die Verwitterung können die spezifische Bodenoberfläche erhöhen, damit einher geht dann ggf. auch eine erhöhte Reaktionsfähigkeit im Boden selbst (z.B. erhöhte Geschwindigkeit der Oxidationsprozesse in Tonböden im Vergleich zu Sandböden).

Was versteht man unter Humus?

Abgestorbene organische Substanz, inkl. tierischer und pflanzlicher Stoffe, die sich konstant im Auf-, Ab- und Umbau befindet und im Boden vorliegt.

Was versteht man unter Humifizierung und was unter Mineralisierung?

- **Humifizierung**: Bildung von dunkel gefärbten, meist sauren Huminstoffen, in denen Mineral- und Nährstoffe zunächst noch gebunden sind durch Umwandlung organischer Substanz.
- **Mineralisierung**: Abbau der organischen Substanz und verfügbar machen von anorganischen Grundbausteinen (z.B. H_2O, CO_2, Mg, Fe) durch vollständige mikrobielle Aufschlüsselung.

Zusatzwissen

Beides sind wichtige Prozesse in der Bodenentwicklung und ganz wesentlich durch den Klimawandel beeinflusst. Gesunde Böden benötigen die Humifzierung und Mineralisierung für einen gesunden Nährstoffkreislauf. Das wird an dem Beispiel deutlich, dass der Nährstoffreichtum in Blättern in gewissen Bereichen standortabhängig ist. In einem Nadelwald auf saurem und nassem Standort mit mächtigem Rohhumus findet zum Beispiel eine nur langsame Zersetzung der Nadeln statt. Grund ist der geringe Anteil an Lebewesen. Die langsame Zersetzung führt zu einer längeren Nährstoffspeicherung in den Nadeln. Auf einem mittleren Standort mit Kirsche, Elsbeere oder Speierling ist die Zersetzung höher und die Einarbeitung der Nährstoffe in den Boden erfolgt schneller.

Erhöhte Stickstoffgehalte können zu einem beschleunigten Wachstum führen, aber ähnlich mit ungesundem Essen bzw. einseitiger Ernährung können Risiken erhöht werden, wie eine erhöhte Frostgefahr.

Was versteht man unter Auflagehumus und was unter Mineralbodenhumus?

- **Auflagehumus:** Organisches Material ist nicht in den Boden eingearbeitet, womit keine bessere Bodenfruchtbarkeit gegeben ist.
- **Mineralbodenhumus**: Organisches Material ist in den fruchtbareren Boden eingearbeitet und mit diesem vermengt.

Wofür stehen die Abkürzungen L, Of und Oh?

- **L**: Unzersetzte Blätter und Nadeln, ganz oben aufliegend
- **Of**: Grobhumus-Horizont, halbes Zersetzungsstadium
- **Oh**: Feinhumus-Horizont, eine Gewebestruktur ist überwiegend nicht mehr erkennbar

Zusatzwissen

„L" ist die englische Abkürzung von dem englischem Wort „litter", also Streu. „f" steht für „fermented", fermentiert und „h" für humos. Unter den Humusformen folgt darunter zumeist ein humushaltiger Bodenhoriont (z.B. Ah-Horizont).

Wie unterscheidet sich die Produktion von Streu in einem jüngeren zu einem älteren Waldort, einem wuchskräftigen zu einem wuchsschwachen und einem geschlossenen zu einem lichten Waldort?

Junge, wuchskräftige oder geschlossene Waldorte weisen im Vergleich eine erhöhte Streuproduktion auf.

Was ist der Unterschied zwischen Nicht-Huminstoffen und Huminstoffen?

- **Nicht-Huminstoffe**: Stoffe der Streu, die wenig oder gar nicht umgewandelt vorliegen.
- **Huminstoffe**: starke Umwandlung und Anreicherung im Boden. Die <2μm, dunkel gefärbten organischen Kolloide besitzen eine große spezifische Oberfläche, können Wasser und Nährstoffe reversibel binden, Gefüge bilden und sich positiv auf den Wärmehaushalt im Boden auswirken. In sauren Böden ist das Vorkommen von Fulvosäuren möglich und in nährstoffreichen Böden das von Huminsäuren.

Nennen Sie Funktionen von Böden.

- **Archiv- und Informationsfunktion**
- **Lebensraumfunktion**: Lebensraum, Verankerung, Wasser, Nährstoffe für Bodenorganismen und Pflanzen
- **Lebensgrundlage für Menschen und Tiere**: Standort für Kultur- und Nahrungspflanzen
- **Nutzungsfunktion**: Land- und Forstwirtschaft
- **Regelungsfunktion**: Filter, Puffer, Stoffumwandler und Bestandteil der Wasser- und Nährstoffkreisläufe

Wodurch sind Böden gefährdet?

- **Bodenkontamination**: Verunreinigung und Verschmutzung
- **Erosion**: Verlust des Bodens selbst und der Bodenfunktionen
- **Verlust an organischem Material**: Verlust der Bodenfunktionen, z.B. Bodenfruchtbarkeit, Speicher- und Pufferkapazität
- **Verdichtung**: Einsatz schwerer Maschinen, Überweidung, verringertes Wurzelwachstum und Wasserspeicherkapazität möglich, Begünstigung von Erosion
- **Versauerung:** etwa durch Stoffeintrag der Industrie oder Landwirtschaft. In humidem Klima übersteigt die Niederschlagsmenge die Verdunstung. Mit dem Sickerwasser kommt es dann zur Auswaschung und einer natürlichen Versauerung. Die Folgen sind die Freisetzung von toxischen Metallen, die Verringerung der Bodenfruchtbarkeit oder Grundwasserbelastung.
- **Versalzung**
- **Versiegelung und Flächenverbrauch:** Rückgang land- und forstwirtschaftlicher oder naturschützender Flächen

Zusatzwissen

Bodenzustand und -gefährdungen lassen sich über Bodenmessungen, Bodenzustandsberichte oder vor Ort an der Qualität bzw. den Krankheitssymptomen des darauf erwachsenen Waldes feststellen. Bodendegradationen führen immer zu Einbußen der ökosystemaren Dienstleistungen (engl. „ecosystem services").

Welche Eigenschaften hat ein Bodentyp?

- **gleiches Ausgangssubstrat**
- **gleich hinsichtlich Bodengenese und -dynamik**: ähnliche physikalische, chemische und biologische Eigenschaften

Was ist der Unterschied zwischen Bodenart und Bodentyp?

- **Bodenart**: Körnungsgemisch aus Sand, Schluff und Ton. Die Bestimmung erfolgt mittels Fingerprobe oder Schlemmanalyse im Labor.
- **Bodentyp**: Böden mit ähnlicher bzw. gleicher Horizontabfolge und -eigenschaften/Entwicklungsstand. Semiterrestrische Bodentypen sind z.B. ein Aueboden oder ein Gley in Fluss- oder Bachnähe. Terrestrische Rohbodentypen sind Ranker und Rendzina und Staunässebodentypen z.B. Pseudogley und Stagnogley.

Welche Hauptkompartimente zählen zur Textur (syn. Bodenart) von Böden?

Textur beschreibt die Größenverteilung der Partikel (Sand, Schluff, Ton).

- **Feinboden** alles unter 2mm Größe

    Sand (S) 0,063 mm bis 2 mm, Hauptbestandteil: Quarz

    Schluff (U) 0,002 mm bis 0,063 mm

    Ton (T) bis 0,002mm, Hauptbestandteil: Tonminerale und Oxide

    (Lehm: Gemisch aus Ton, Schluff und Sand in etwa gleichen Anteilen)

- **Grobboden** > 2mm, z.B. Bodenskelett, Kies (Grus) und Steine (Blöcke)

Zusatzwissen

Grundsätzlich sind im Wald bestimmte Typen von Texturen anzutreffen (z.B. toniger Sand, schluffiger Schluff), die ihrerseits in einem Bodengefüge (syn. Struktur) vorliegen. Die Struktur ist sehr variabel und kann z.B. lose angeordnet sein (z.B. Einzelkorngefüge) oder aggregiert (z.B. Cluster). Feinboden entsteht aus Gesteinstrümmern (z.B. aus Feldspat, Granit, Tonmineralen) und daraus wieder Minerale. Mittels Fingerprobe oder im Labor (z.B. Sieb- oder Sedimentationsanalyse) lässt sich die Korngrößenverteilung bestimmen.

Aus welchen drei Größen setzt sich das Bodenvolumen zusammen?

- **Bodenwasser/Bodenlösung**: Die Wasserdrainage ist umso besser, je größer die Korngröße ist.
- **Bodenluft**: Die Belüftung ist umso besser, je größer die Korngröße ist.
- **Feste Substanz**

Was versteht man unter Minuten- und Stundenböden?

- **Minutenböden**: „Schwere Böden" (Tonböden) mit guter Wasserhaltekraft und schwerer, d.h. kurzer Bearbeitbarkeit.
- **Stundenböden**: „Leichtere Böden" mit vergleichsweiser geringerer Wasserhaltekraft und leichterer Bearbeitbarkeit.

Zusatzwissen

Der zeitliche Bezug verweist auf die unterschiedlich langen Zeitfenster der Bearbeitbarkeit.

Was versteht man unter Mächtigkeit?

Entwicklungstiefe (in Dezimeter) oberhalb von dem unverwitterten Ausgangsmaterial.

Sie stehen an einem Bodenloch bzw. -aushub und sollen wesentliche Charakteristika nennen, beschreiben und Konsequenzen ableiten. Wie gliedern Sie Ihren Vortrag (Teil 1)?

- **Lokalität, Naturraum**
  Gemarkung, Forstamt, Revier, Waldbesitzer, ggf. Waldort, Wuchsbezirk oder Landschaft
- **Bodenkundliche Faktoren** (siehe Standortbeschreibung)
  Gestein, Klima (ins. Niederschlags- und Wärmeregime), Relief, Vegetation, Nutzungsgeschichte
- **Vorläufige Festlegung**
  Horizonte, Übergangshorizonte, Schichten, Tiefen- und Mächtigkeitsangaben
  Bodenart, -Farbe, -Skelettanteil, -Gefüge
  Carbonatgehalt
  Durchwurzelung, Durchwurzelbarkeit (Lagerungsdichte)
  Entwicklungstiefe und Gründigkeit
  Humusgehalt, -Form, Lagerungsfestigkeit
  pH-Wert
  Wasserhaushalt

Sie stehen an einem Bodenloch bzw. -aushub und sollen wesentliche Charakteristika nennen, beschreiben und Konsequenzen ableiten. Wie gliedern Sie Ihren Vortrag (Teil 2)?

- Feldbodenkundliche Bestimmung von Parametern in den Horizonten bzw. Schichten
    Farbe (Munsell-Tafel)
    Körnung (Fingerprobe)
    pH-Wert
    Humusgehalt (Schätzung)
    Gefüge und Gefügebesonderheiten, ggf. Berechnung
Endgültige Festlegung
- Bestimmung
    Bodenabteilung, z.B. terrestrisch
    Bodentyp, z.B. Syrosem, Rendzina, Pararendzina, Ranker, Pseudogley, Stagnogley, Podsol, Parabraunerde, Terra rossa, Terra fusca, Pelosol
- Bodengenetische Deutung
    Horizontmuster
    Schichtkombinationen
    Schlüsselprozesse
- Bodenökologische Interpretation
    Nährstoffe (z.B. basenarm, -reich)
    Wasser (NWSK-Berechnung: Faustformel: 20 x Mächtigkeit des Horizonts [dm] x Skelettanteil [%], z.B. 20x10x0,5= 100mm. Annahme einer Verdunstung von 3mm pro Tag im Sommer. Bewertungsmöglichkeit z.B. in trocken oder frisch)
    Pflanzen, natürliche Waldgesellschaft, Bodenflora, Pflanzenproduktion, Bonität
    Stabilität (Waldökologie)
    Filterleistung für Wasser
    Bedeutung für aufstockenden oder den künftigen Wald und ggf. waldbauliche Schlüsse

In welche drei Gruppen werden Gesteine nach ihrer Entstehungsart eingeteilt ?

- **Magmatite:** grobkörnige Plutonite (Tiefengesteine), z.B. basenarme (saure), harte (nicht ritzbare), quarzreiche helle Granit oder Diorit oder feinkörniges vulkanisches Gestein/ Vulkanite (Ergussgesteine), z.B. der quarzarme, dunkle Basalt mit hoher Basensättigung oder Rhyolit.
- **Metamorphite:** Entstehung durch Druck und Temperatur, z.B. Schiefer
- **Sedimente:** z.B. Sedimentgesteine, klastische Sedimente, biogene oder chemische Sedimente.

Zusatzwissen

Dominierende Elemente der Erdkruste mit einem Massenanteil von >90 Prozent sind Sauerstoff, Silizium, Aluminium und Eisen.

Was versteht man unter äolischen, fluvialen, periglazialen und glazialen Sedimenten?

- **äolisch:** durch Wind transportiert (feinkörnig und sortiert)
- **fluvial:** durch Fließgewässer transportiert (sowohl Fein- als auch Grobmaterial, sortiert)
- **periglazial:** durch Permafrost transportiert (Bildung von Lagen)
- **glazial:** durch Gletscherprozesse transportiert (wenig sortiert)

Zusatzwissen

Beispiel für ein fluviales Sediment sind die „gemahlenen Alpen" im Rhein, also das transportierte kalkreiche Substrat.

Was ist der Unterschied zwischen einem Gestein und einem Mineral?

- **Gestein:** Für Gestein gibt es keine kristallchemische Strukturformel, da es aus Mineralien, sowie deren Bruchstücke bzw. Vermengungen und ggf. Teilen von Organismen aufgebaut ist. Die Entstehung ist auf geologische Prozesse zurückzuführen.

- **Mineral:** Minerale besitzen eine kristallchemische Strukturformel, da diese chemisch homogen aufgebaut sind.

Zusatzwissen

Aufgrund der unterschiedlichen Zusammensetzung an Mineralien unterscheiden sich Böden qualitativ in ihrer Nährstoffausstattung und Wasserhaltefähigkeit voneinander. Die Böden mit hohen Quarz- und Feldspatanteilen entwickeln sich in klimatisch ungünstigen Lagen meist zu nährstoffarmen Böden mit geringer Wasserhaltekraft und schneller Verwitterung. Außerdem neigen sie zur Versauerung. Dies betrifft etwa die Mittelgebirge Mitteleuropas. Häufig anzutreffen sind dort Ranker, Braunerden oder Podsole. Die mineralischen Hauptbestandteile im Granitaufbau zeigen, dass es sich um ein saures Mischgestein handelt (Aufbau: „Feldspat, Quarz und Glimmer die drei vergess' ich nimmer"). Bei der Verwitterung von Granit entsteht sandartiges Material, sog. Granitgrus, das als Wegebaumaterial geeignet ist. Grobkörniges Gestein, wie es der Granit ist, hat eine langsamere Verwitterungsrate und eine hohe Drainagewirkung im Vergleich zu (Ton-) Schiefer, der zahlreiche kleine Partikel und Tonminerale besitzt, die Wasser besser halten können. Basalt als basisches Vulkanitgestein mit geringem Anteil an Kieselsäure, wenig Quarz und hohem Silikatgehalt bietet einen gewissen Nährstoffreichtum.Feinboden- und nährstoffreiche Braunerden bilden sich auf gut basenhaltigen Sedimenten und reichen Ergussgesteinen. Diese Bildung ist auf knapp basenhaltigen bis basenarmen Gesteinen selten möglich.

Waldboden und Nährstoffe

Was ist der Unterschied zwischen Nährstoffen und -elementen?

- **Nährstoffe:** chemische Verbindungen der Nährelemente, z.B. Kohlenstoffdioxid
- **Nährelemente:** chemische Elemente, die lebensnotwendig sind, z.B. Kohlenstoff

Zusatzwissen

Hauptnährelemente aus der Luft sind Kohlenstoff (abgk. C), Sauerstoff (O), Wasserstoff (H) und im Boden Eisen (Fe), Phosphor (P), Stickstoff (S), Kalium (K), Calcium (Ca), Magnesium (Mg). Merkhilfe: **COHN'S M**argarete **K**ocht **P**rima **CaFe.** Stickstoff (N) kommt natürlicherweise nicht aus Gesteinen hervor, sondern wird über stickstofffixierende Symbionten (z.B. Robinie) aus der Luft im Boden gebunden.

Welche Faktoren beeinflussen die Aufnahme von Nährstoffen positiv bzw. negativ?

- **positiv:** hohe Durchwurzelung, guter pH-Wert, hohe biologische Bodenaktivität, gute Sauerstoffbedingungen im Boden, guter Humusgehalt, hohe Transpiration
- **negativ:** schlechte Durchwurzelung, Bodenverdichtung, Sauerstoffmangel, Stauwasser, kühle Lufttemperaturen, hohe CO_2-Konzentration

Was sind Funktionen von Magnesium, Schwefel, Phosphor, Kalium und Calcium in der Pflanze?

- **Magnesium**, z.B. Baustein von Chlorophyll, Enzymaktivierung
- **Schwefel**, z.B. Baustein vieler Stickstoffverbindungen (Proteine und Vitamime)
- **Phosphor**, z.B. Baustein von Enzymen, Energiespeicherung und Energietransfer
- **Kalium**, z.B. Enzymaktivierung
- **Calcium**, z.B. Baustein von Pektin, Enzymaktivierung

Welche Bedeutung besitzt Stickstoff (N)?

Steigerung der pflanzlichen Ertragsleistung

Wozu kann ein Mangel an Magnesium, Schwefel, Phosphor, Kalium und Calcium in der Pflanze führen?

- **Magnesium:** Photosynthesereduktion, verringertes Wurzelwachstum. Symptome bei Laubbäumen an älteren Blättern können Chlorosen sein und bei Nadelbäumen Gelbspitzigkeit der Nadeln.
- **Schwefel:** Photosynthesereduktion, Symptome, z.B. Chlorosen und Nekrosen
- **Phosphor:** Wachstumsreduktionen, reduzierte Frostresistenz, verzögerte Blüte
- **Kalium:** verminderte Frost- und Dürreresistenz. Symptome: im Unterschied zu Mg-Mangel verbleiben die Blätter/Nadeln lange an den Zweigen, Krümmung der Blattränder
- **Calcium:** Wachstumsverringerung, Chlorose an jüngsten Blättern

Welche Elemente sind überwiegend in pflanzlicher Biomasse enthalten?

Kohlenstoff, Sauerstoff und Wasserstoff

Diese drei Elemente besitzen einen Anteil von mehr als >90%. Der Großteil entfällt auf Kohlenstoff und Sauerstoff, dagegen sind Wasserstoff und ggf. mineralische Elemente seltener.

Was ist der Unterschied in der Blattverfärbung zwischen einer Chlorose und einer Nekrose?

- **Chlorose:** häufig gelblich und reversibel
- **Nekrose:** häufig bräunlich und irreversible Gewebezerstörung

Was versteht man unter Nährkraftstufen?

Konzentration bzw. Ausstattung an pflanzenverfügbaren Hauptnährelementen im Oberboden.
R = reich (lössreiche Braunerde)
K = kräftig
M = mittel
Z = ziemlich arm
A = arm (z.B. Podsol)

Erkläre die Bedeutung und Möglichkeiten der Bildung von Tonmineralen.

Besonders wichtig sind mehrschichtige Tonminerale, aufgrund der negativen Ladung und ihrer großen spezifischen Oberfläche, womit sie Nähr- und Schadstoffe sehr gut binden oder abgeben können. Aus diesem Grund sind sie in der Land- und Forstwirtschaft von hoher Bedeutung für die Bodenfruchtbarkeit. Die Möglichkeiten der Bildung sind Neubildung, Transformation und Umwandlung.

Zusatzwissen

Zur Veranschaulichung der Struktur von Tonmineralen wird oft ein zwiebelartiger Aufbau als Beispiel verwendet, die umgebenden Schalen sind organische Stoffe, die die Oberflächengröße erhöhen, das organische Material stabilisieren oder Stoffe binden können.

Nennen Sie die Phasen der Humuszersetzung.

- **Absterbephase**

  Bereits vor dem Laubabfall, zieht die Pflanze Nährstoffe aus den Blättern zurück und es treten verstärkt Mikroorganismen auf.
- **Initial- und Auswaschungsphase**

  Nach dem Blattabfall setzt der biochemische Aufschluss ein mit einer beginnenden Auswaschung wasserlöslicher Stoffe.
- **Mechanische Zerkleinerungsphase**

  Die Blattstruktur wird bis auf das Skelett aufgebrochen (z.B. durch Bodenlebewesen, Pilze) und es findet ein Einarbeiten der Streu in den Mineralboden (z.B. durch Regenwürmer) statt.
- **Mikrobielle Ab- und Umbauphase**

  Weiterer mikrobieller Aufschluss in Bausteine (z.B. Aminosäuren).

Zusatzwissen

Böden mit viel Humus gelten als besonders fruchtbar, das kann an der besseren Bodenbelüftung, der Speicherung von Kohlenstoff und Stickstoff oder der guten Wasserspeicherfähigkeit liegen. Daneben ist aufgrund der dunklen Färbung die Wärmeabsorption der Sonne höher, womit eine höhere bakterielle Aktivität erklärt werden kann.
Drei grundlegende Humusarten lassen sich voneinander unterscheiden, das sind Mullhumus, Moderhumus und Rohhumus in jeweils verschiedenen Ausprägungen, Übergängen und Variationen. Mit einem hohen Basenreichtum geht häufig die schnellere Umsetzungsgeschwindigkeit einher. Bei einem Mull ist sie sehr hoch, bei einem Rohhumus dagegen sehr gering. Sofern es sich nicht um Spezialfälle handelt, wie das etwa bei Hagerhumus der Fall ist. Dieser tritt häufig an Oberhängen auf, denn Of-Material und wenig L wird ständig weggeweht bzw. ist wenig vorhanden, womit der Humus direkt auf Oh aufliegt.

Was kennzeichnen Mullhumus, Moderhumus und Rohhumus?

- **Mullhumus**
  biotisch aktiver/hohe Bioturbation, nährstoffreicher Boden mit hoher Nährstoffverfügbarkeit, günstigste Humusform für vielfältiges Pflanzenwachstum, enges C/N-Verhältnis (z.B. 10/1), gute Sauerstoffversorgung
- **Moderhumus**
  Mittelstellung zwischen Mull und Rohhumus in der Bioturbation, dem Nährstoffreichtum und der Zersetzung
- **Rohhumus**
  biotisch inaktiv/keine Bioturbation, geringe Zersetzung, weites C/N-Verhältnis (z.B. 30/1), schlechte Sauerstoffversorgung

Wie kann sich das Pflanzenwachstum entwickeln mit unterschiedlicher Konzentration an Nährstoffen?

- **Mangel**: Akut (sichtbare Symptome) - Latent (Symptome sind nicht sichtbar)
- **Optimal versorgt** (höchste Wuchsleistung)
- **Überversorgt** (zusätzliche, nicht benötigte Nährstoffaufnahme)
- **Toxizität**: Akut (Wachstumsreduktion) - Latent (Schadsymptome)

Aus was besteht pflanzliche Biomasse?

- Cellulose
- Hemicellulose
- Lignin

Zusatzwissen

Die oben genannten Stoffgruppen sind in der Reihenfolge ihrer Nennung auch in ihrer Geschwindigkeit abbaubar von schnell zu langsam bzw. schwer abbaubar.
Durch die Überführung körperfremder in körpereigene Stoffe (= Assimilation und gleichzeitig Akkumulation von Energie) auf Grundlage der Sonneneinstrahlung und Photosynthese kommt es zur sogenannten Nettoprimärproduktion. In natürlichen Ökosystemen wird diese schätzungsweise zu mehr als 90% früher oder später den Böden zugeführt.

Welche Faktoren begünstigen den Abbau von pflanzlicher Biomasse?

- Nährstoffkonzentration im Blatt: je höher, desto schneller
- Tanningehalt und hemmende Wirkung von Stoffen
- Sauerstoffgehalt: viel Sauerstoff führt zu einem guten Abbau
- Temperatur und Wasser: abhängig von Optimum, viel Wasser verlangsamt
- Stoffanteile in der Biomasse: je weniger Lignin, desto schneller

Erkläre den Nährstoffkreislauf im Wald.

Der Nährstoffhaushalt des Waldes hängt wie jeder andere Haushalt auch vom Eingang und Ausgang bestimmter Waren ab. Stromgrößen, die die Bestandsgrößen positiv verändern, sind Atmosphäre und Verwitterung der Steine, hier bekommt der Boden Nährstoffe. Auf der anderen Seite verliert der Standort an Nährstoffen durch Auswaschung oder möglicherweise durch Holzernte (abhängig von Standort, Baumart, Wuchsleistung, Nutzungsalter und -intensität). Durch das Abfallen von Blättern, einer anschließenden Zersetzung und Verwertung durch Pilze, Mikroorganismen oder Insekten kommt es zur Aufnahme der Bodennährstoffe über die Wurzeln, womit der Kreislauf geschlossen ist.
- Eintragsseite (= Quellen der Nährstoffversorgung)
  Atmosphärische Stoffdeposition
  Freisetzung von Nährstoffen aus der Mineralverwitterung (abh. vom Mineralbestand des jeweiligen Substrats, der Verwitterung ausgesetzten Oberfläche, der Bodentemperatur, Wassergehalt des Bodens)
- Austragsseite
  Nährelementexport durch Holzernte. Nährstoffaustrag mit dem Sickerwasserfluss unterhalb des Hauptwurzelraums

Zusatzwissen

Gesunde Böden benötigen sowohl die Humifzierung (Huminstoffe und Wasser), als auch die Mineralisierung für einen gesunden Nährstoffkreislauf. Pflanzen nehmen Nährstoffe ausschließlich über die mobile Bodenlösung auf. Die Bedeutung von Wasser und dass zu jedem Zeitpunkt, relativ gesehen, ausreichend viele Nährstoffe pflanzenverfügbar sind, sind daher besonders wichtig in einem funktionierenden Kreislauf. Hohe Konzentrationen auf der Eintragsseite sind nicht nur rein förderlich für das Wachstum. Erhöhte Stickstoffgehalte können zu einem beschleunigten Wachstum führen, aber ähnlich mit ungesundem Essen bzw. einseitiger Ernährung, können Risiken erhöht werden, wie in diesem Fall eine erhöhte Frostgefahr.

Was ist der Unterschied zwischen dem Inneren und Äußeren Nährstoffkreislauf?

- **Innerer Nährstoffkreislauf:** Findet in der Pflanze selbst statt, z.B. Transport und Speicherung von Nährstoffen
- **Äußerer Nährstoffkreislauf:** Findet zwischen der Pflanze und dem Boden statt, z.B. mit dem Laubabfall

Durch was wird der Nährstoffkreislauf des Waldes gestört?

- **Schlechtes Waldinnenklima:** offene Bestandesränder führen zu einer erhöhten Exposition gegenüber Sonne oder Wind
- **Einseitiges Nahrungssubstrat der Bodenlebewesen:** Monokultur mit Fichten- oder Kiefernnadeln
- **Reisigentnahme, inklusive der Nadeln:** Herstellung von Holz-Hackschnitzel
- **nicht gepflegter, dichter Wald:** Licht- und Wärmemangel
- **Bodenverdichtung:** Befahrung mit schweren Geräten

Zusatzwissen

Das Wissen um die Zusammenhänge im Kreislauf erlaubt Einblicke in die Nährstoffentzüge einer Baumart in Abhängigkeit von deren Wuchsleistung, Baumdimension bzw. Alter. Entnahmemassen können dann besser angepasst werden, ebenso vorbeugende Maßnahmen wie etwa der Verzicht auf Monokulturen, standortgerechte Baumartenwahl oder Pflegemaßnahmen.

Warum kann trotz hoher Vorräte an Nährelementen deren Verfügbarkeit eingeschränkt sein?

Die Gesamtmenge an Nährstoffen sagt nichts darüber aus, wieviel tatsächlich von der Pflanze aufgenommen wird. Nur jene Nährstoffe (auch Schadstoffe), die mobil in wässriger Lösung vorliegen, sind pflanzenverfügbar. Nährelemente können zwar in großer Zahl vorliegen, sind dann ggf. aber fest gebunden.

Was versteht man unter pH-Wert und welcher pH-Bereich findet sich im Boden?

Der pH-Wert ist der negative Logarithmus der H^+ Ionenkonzentration einer Lösung und ein Maß für den basischen oder sauren Charakter. Der pH-Wertbereich im Boden schwankt häufig zwischen 5-8, kann jedoch auch darunter oder darüber liegen.

Zusatzwissen

Die Pufferfähigkeit von Böden ist das Maß, als Fähigkeit eines Systems, den pH-Wert zu halten bei Zufuhr von H^+ oder OH^- Ionen. Plötzliche pH-Wert-Änderungen können zu empfindlichen Pflanzenreaktionen führen. Der saure Regen (pH-Wertebereich zwischen 4,2-4,8) ist deutlich saurer, als der von normalem Regenwasser (5,5-5,7) und kann so maßgeblich den pH-Wert von Böden beeinflussen.

Was versteht man unter Kationenaustauschkapazität (KAK)?

- **potentielle Kationenaustauschkapazität:** Gesamtmenge der vorhandenen Kationen unter basischer Umgebung. Dieser Wert sagt allerdings nichts darüber aus, wieviel austauschbar bzw. pflanzenverfügbar ist.
- **effektive Kationenaustauschkapazität:** tatsächliche Austauschkapazität bei aktuellem Boden-pH-Wert.

Zusatzwissen

Die Basensättigung beschreibt den Anteil der Kationbasen (Ca^{2+}, Mg^{2+}, K^+ und Na^+) an der effektiven Kationenaustauschkapazität· Mit zunehmendem pH-Wert steigt auch die Basensättigung des Bodens und bildet einen guten Indikator für die Bodentrophie. In einem Bodenprofil sind im Humus regelmäßig die höchsten Nährelementgehalte gegeben. Das liegt an dem hohen Anteil abgestorbener, organischer Substanz. Im Mineralboden gibt die Bodenfarbe Auskunft über den Humusgehalt. Bei stark verwitterten („alten") Böden sind über die Zeit vielfach Kationen ausgewaschen worden, womit regelmäßig eine verminderte KAK vorliegt im Vergleich zu „jüngeren" Böden. Besonders begünstigend für eine schnelle Auswaschung sind saure pH-Verhältnisse, hohe Sandanteile und ein geringer Humusanteil.

Gleichzeitig ist die pflanzenverfügbare Nährelementmenge, nicht nur von Eigenschaften des Bodens abhängig, sondern auch von der Pflanze selbst. So individuell die Pflanzen sind, so variierend ist auch die Art und Menge jener Nährelemente, die sie benötigt. Damit gehen wiederum die Fragen einher, wie die Pflanze den im Boden befindlichen Nährstoffhaushalt beeinflussen kann und auf der anderen Seite, wie sich hohe Gehalte an Stoffen im Baumwachstum manifestieren (z.B. Toxizität bei hohen Aluminiumgehalten oder Gelbspitzigkeit bei Magnesiummangel).

Was ist Humus bzw. organische Substanz und welche Funktionen hat es?

In und auf dem Boden befindliche abgestorbene pflanzliche und tierische Stoffe und Umwandlungsprodukte. Dabei besteht ein gewisser Formenreichtum der organischen Substanz von verschiedenen organischen Auflagen von basenreich bis basenarm (z.B. Huminstoffe, Fulvosäuren, basenarme Rohhumus, basenreiche L-Mull).

Funktionen:

- **Biologische Funktion**: potenziell verfügbarer Nährstoffvorrat, Energiequelle für biologische Prozesse (z.B. Bioturbation), erhöht Widerstandskraft und Erholungsfähigkeit im System von Boden und Pflanze
- **Chemische Funktion**: Bindung von Schadstoffen, Erhöhung vom Nährstoffhaltevermögen und Pufferfähigkeit von pH-Veränderungen
- **Physikalische Funktion**: Bodenstrukturverbesserung, verbessertes Wasserhaltevermögen, erhöhte Erwärmbarkeit

Zusatzwissen

Die Mobilität von Schadstoffen im Boden wird neben Bodenart und Bodenreaktionen durch den Humus beeinflusst.

Was versteht man unter Rhizosphäre?

Wuchs- und Wirkungsraum der Wurzel und somit die Schnittstelle zwischen Wurzel und Boden.

Zusatzwissen

Die Bodeneigenschaften der Rhizosphäre werden, anders als im restlichen Boden, von der Wurzel bestimmt. Hier werden von der Wurzel u.A. pH-Wert, Redox-Potential, Nährstoffkonzentration und mikrobielle Aktivität beeinflusst. Die Interaktion der Wurzeln mit ihrer Umwelt sind sehr vielfältig und reichen von dem Wachstum und der Aufnahme von Wasser und Nährelementen über Wurzelatmung bis hin etwa zur Rhizodeposition, also der Abgabe von Stoffen (z.B. Exsudate, abgestorbene Zellen, Mucilate, Diffusate, Lysate, Sekrete, CO_2) an die oben genannte Rhizosphäre.

Welche Wege können Nährstoffe nehmen, um in die Wurzeln zu gelangen?

- **Interzeption**: Wurzeln wachsen aktiv zu den Nährelementen, abhängig vom Wurzelwachstum
- **Massenfluss**: Pflanzentranspiration und Aufnahme von Wasser. Die Wurzelzone (Rhizosphäre) verarmt an Wasser. Es kommt zu einem Gradient (Unterschied) in der Wasserspannung zwischen Rhizosphäre und restlichem Boden. Der Fluss der Bodenlösung (mit Nährstoffen) in Richtung Pflanzenwurzel (abh. von Transpirationsrate der Wurzel) findet statt.
- **Diffusion**: Konzentrationsgradient der Nährstoffe in der Bodenlösung. Nährstoffe fließen innerhalb der Bodenlösung zum Wurzelraum.

Zusatzwissen

An der Wurzelspitze befinden sich ca. 20 μm lange Wurzelhaare, diese sind Ausstülpungen der Epidermiszelle. Der dadurch erzielte verbesserte Austausch mit der Bodenlösung, als auch die Vergrößerung der Oberfläche kann bei einigen Pflanzen auch von Mykorrhizapilzen übernommen werden. Dabei zu unterscheiden sind Endomykorrhiza, bei denen die Hyphen im Zellinnenraum wurzeln und Ektomykorrhiza, bei denen die Hyphen im Intrazellularraum (Zellzwischenraum) wurzeln. Bis auf die Gattung der Ahorne sind die meisten Waldbäume von Ektomykorrhiza abhängig. Der Transport der Nährstoffe in die Wurzel lässt sich seinerseits in zwei Schritte unterteilen. Das ist zum Einen der Transport der Bodenlösung durch die Epidermis und Wurzelrinde sowie die Diffusion von Wasser (Weg durch die Zellwände = apoplastischer Transport, keine Filterung) und der darauffolgende Transport der dann gefilterten Lösung, hinter dem Caspary-Streifen, über Plasmabrücken in und zwischen den Zellen (Weg durch das Zellplasma = symplastischer Transport).

Welche drei Faktoren beeinflussen die Wuchskraft eines Standorts?

- **Innere Faktoren**: z.B. Genetik, Epigenetik
- **Äußere Faktoren**: z.B. Klima, Boden, Konkurrenz um Nährstoffe, Wasser, Standraum

Welche Schritte kennzeichnen den Stoffwechsel von einem Baum?

- Aufnahme
- Assimilation
- Transport
- Speicherung
- Verwertung und Energieumsatz

Wie stehen Säureeintrag und pH-Wert im Verhältnis zueinander?

Der Säureeintrag im Boden wird staffelweise gepuffert. Der Pufferbereich gliedert sich näherungsweise wie folgt:

- Carbonat (Kohlensäure)-puffer im Bereich ca. 7-8,5

- Silikatpuffer (Kohlensäure, starke Säure) im Bereich ca. 5- 6,5/7

- Aluminiumpuffer (Aluminiumoxid) im Bereich ab ca. 4,2

- Eisen ab ca. 3,0

Zusatzwissen

Bei pH-Werten unter 5 fahren Pflanzen regelmäßig ihren Stoffwechselumsatz herunter. In einem pH-Bereich unter 4 (= Boden-Übersauerung) wirken die Substanzen, wie Aluminium oder Eisen, toxisch auf die Pflanzen.

Die sogenannte Protonenpumpe beschreibt die aktive Ausscheidung, also die Abgabe der Wurzeln von H^+ Ionen an ihre Umgebung. In unmittelbarer Umgebung der Wurzel ist der pH-Wert zumeist etwas geringer als im übrigen Boden.

Die Erkenntnis für die Waldbewirtschaftung ist die, dass bestimmte Baumarten auf den jeweils passenden Standort eingebracht werden sollten (z.B. Edellaubbäume auf kalkreichen Standorten, statt auf äußerst saurem Bodenmilieu). Ob ein Boden besser oder schlechter für eine Baumart geeignet ist, lässt sich neben dem pH-Wert anhand von Nährstoffangebot, Wasserverfügbarkeit im Boden oder etwa der Dichte des Bodens prüfen.

Was versteht man unter Waldkalkung?

Über die letzten Jahrzehnte haben Schadstoffe aus der Luft die Wälder Mitteleuropas stark belastet. Damit einher geht eine Bodenversauerung und Auswaschung von Nährstoffen. Um dem entgegenzuwirken kann Dolomitmehl (insb. Calcium und Magnesium) in einer Menge von circa 3 Tonnen pro Hektar (davon zum Beispiel 350 Kilogramm Magnesium) ausgebracht werden. Bei Dolomit ist ein Teil von Calcium durch Magnesium ersetzt. Magnesium besitzt im Boden eine hohe Verwitterungsresistenz, womit Bäume dieses über lange Zeit nutzen können. Dagegen besitzt Kalium eine schnelle Auswaschung, womit es in der Landwirtschaft oftmals jedes Jahr zur Ausbringung kommt. Eine Waldkalkung wirkt sich im Wald weniger auf die Ertragskraft aus, sondern vielmehr, zumindest temporär, auf die Artenzusammensetzung. Auf landwirtschaftlichen Flächen ist das durch Düngung nicht der Fall, da in der Regel Arten zusätzlich gezielt gesät oder unterdrückt werden (insb. durch Herbizideinsatz). Ein enger Zusammenhang zwischen Ertrag und den ausgebrachten Nährstoffen ist in der Landwirtschaft klarer, da es im Wald aufgrund der gemischten, strukturierten Ökosysteme und den wirkenden Faktoren nicht zu klaren Wuchssteigerungen führt, sondern eher zu einer Verschiebung von Artvorkommen.

Was spricht für und was gegen eine Waldkalkung?

Gegen eine Waldkalkung spricht sicher die Störung des Gleichgewichts, insb. saurer Standorte und die Kalkanreicherung bei gleichzeitig erhöhten Mineralisierungsraten in der Humusauflage und der dann stattfindenden Bodenversauerung im Mineralboden. Auf der anderen Seite ist es wichtig, dass die anthropogen bedingten Bodenversauerungen, insb. aus den 1980er Jahren neutralisiert werden. Die gezielte und maßvolle Zuführung von Nährstoffen führt darüber hinaus zur mittelfristigen Erhöhung der mikrobiellen Aktivität bei geringer Beeinflussung vom Zustand des Mineralbodens. Ziel ist ebenfalls der Aufbau, die Erhaltung oder die Wiederherstellung günstiger Bodeneigenschaften im Hinblick auf die Bodenfunktionen, insb. den Gewässerschutz der so erreicht werden kann. Im Unterschied zur Waldkalkung mit dem Ziel einer Kompensation tragen Düngemittel dazu bei, dass sie quantitativ und/oder qualitativ das Produkt bzw. das Produktionsmittel fördern bzw. erhöhen (z.B. verbessertes Ernteprodukt).

Welchen Einfluss haben kleinräumig unterschiedliche Standortssituationen auf Waldböden und damit auf die Waldbewirtschaftung?

Grundsätzlich ist das Potential zur Nutzung eines Standorts zwischen Laub- und Nadelbaumarten verschieden. Die Standortausbeute bei Laubbäumen ist dort am höchsten, wo eine gute Basenversorgung genutzt werden kann (z.B. Kirsche oder Esche auf kalkreichem Boden). Bei schlechtem Wasserhaushalt, sind ggf. auch Nadelbäume denkbar, diese können die Basensättigung dann aber nicht voll ausnutzen.

Zusatzwissen

Häufig variieren die Wuchsbedingungen im Wald durch häufige und lebhafte Reliefwechsel. Bestimmte Bodenvergesellschaftungen sind bei bestimmten Geländezuschnitten einfach zu erwarten. In Tälern, zum Beispiel das Vorkommen von Braunerden, Parabraunerden oder wassergeprägten, also hydromorphen Böden (insb. Aueböden, Gleye), in Verebnungen mit flachem Stauwasserkörper Pseudogleye und an stark wasserzügigen Hängen könnten Hanggleye und Hangbrücher beigesellt sein.

Was ist ein Bodentyp?

Charakteristische Horizontfolge mit bestimmten biologischen, chemischen und physikalischen Eigenschaften.

Zusatzwissen

Aufgrund der Horizontabfolge kann ein Boden identifiziert werden.

Was versteht man unter einem zonalen, azonalen bzw. intrazonalen Boden?

- Zonaler Boden
Entwicklung ist beeinflusst von Vegetation und Klima (z.B. Podsol) und weniger vom Ausgangsgestein

- Azonaler Boden
Entwicklung ist beeinflusst vom Ausgangsgestein (z.B. Ranker)

- Intrazonaler Boden
Bodenentwicklung weicht von der vorherrschenden zonalen Bodenentwicklung ab (z.B. hydromorpher Boden wie Aue- oder Moorboden)

Wofür stehen die Abkürzungen A, B, C, E, P, S und G bei Mineralbodenhorizonten?

- A
Mineralischer Oberboden, humos geprägt, zumeist oberste Mineralbodenhorizont

- B
Mineralischer Unterboden, regelmäßig braun gefärbt, durch Pedogenese entstanden

- C
Mineralischer Untergrund
z.B. Cv = schwach verwittertes Ausgangsgestein

- E
Eluvialhorizont, durch Tonverlagerung/Lessivierung oder Podsolierung geprägt

- P
Stauhorizont bei Pseudogleyen, Rostflecken

- S
Stauender Körper
typisch für Pseudogley

- G
grundwasserbeeinflusst
Typisch für Gley

Wodurch ist eine Braunerde charakterisiert?

Klassischer und sehr regelmäßig anzutreffender Waldboden, der sich häufig aus Rankern oder Rendzinen entwickelt. Er weist in der Regel gute ökologische Eigenschaften auf. Zwischen Ausgangsgestein und Humushorizont befindet sich ein braun gefärbter Mineralbodenhorizont, der durch Verwitterung, Ton-Neubildung und Eisenoxidfreisetzung geprägt ist.

Horizontfolge:
- O-Horizont, z.B. Auflagehumus und darunterliegende Horizontabfolge in
- A (Mineralischer Oberboden),
- B (Braun gefärbter Mineralbodenhorizont, daher der Name, entsteht durch Verwitterung, Ton-Neubildung, Eisenoxidfreisetzung)
- C (Verwittertes Ausgangsgestein, z.B. Granit)

Zusatzwissen

Die Braunerde ist an sehr vielen Standorten im Wald flächig vorherrschend, oft unter dem Einfluss von Stauwasser oder Schuttmaterial. Eine Besonderheit bildet die Lockerbraunerde mit großem, stabilem Porenvolumen. Charakteristisch für die Bildung einer Braunerde sind die Prozesse der Verbraunung und Verlehmung. Bei der Verbraunung handelt es sich um eine Verwitterung eisenhaltiger Minerale. Obwohl Sand überwiegend Quarzanteile (weiß-gelbe Farbtönung) umfasst, können Sandpartikel auch Tönungen von braun, rotbraun bis grau-schwarz besitzen. Grund hierfür kann die Anreicherung von organischen Stoffen und Eisenoxiden sein (=Verbraunung). Daneben kann es zur Verwitterung von Silikaten und der Bildung von Tonmineralen kommen (=Verlehmung).

Wodurch ist ein Pseudogley charakterisiert?

Hydromorpher, häufig unfruchtbarer, sehr dichter Boden, der durch Stauwasser geprägt oder Hangzugswasser geprägt ist. Gestautes Niederschlagswasser und Austrocknung sowie Schrumpfung im Sommer führen zur Redoximorphose (farbliche Merkmale ähnlich einer Marmorierung, durch den Stau- und Grundwassereinfluss)

Extrovertierte Redoximorphie: orange-rot oxidierte Aggregatoberflächen, gebleichtes Aggregatinnere (z.B. bei Gleyen)

Introvertierte Redoximorphie: gebleichte Aggregatoberfläche, gefärbt oxidiertes Aggregatinnere (z.B. bei Pseudogleyen mit ausgeprägten Trockenphasen und -Rissen).

- **Horizontfolge:**

Ah (humoser Oberboden)
Sw (stauwasserführend)
Sd (Staukörper)

Die bodenbildenden Prozesse, die zur Bildung von Pseudogleyen führen, sind vorwiegend durch den Wechsel zwischen winterlichen Nass- und sommerlichen Trockenphasen geprägt. In deren Folge laufen chemische Redox-Reaktionen ab.
In Europa ist dieser Bodentyp in den unterschiedlichsten Höhenstufen sehr verbreitet.

Wodurch zeichnet sich der Gley aus?

Voraussetzung ist Grundwasser, weshalb er zu den azonalen Böden gehört.
Im Unterschied zum Pseudogley hat der Gley die folgende davon Horizontfolge:

Ah (humoser Oberboden, grundwasserunbeinflusst)
Go (Oxidationshorizont)
Gf (konstant mit wassergesättigt, Reduktionshorizont)

Zusatzwissen

Im übertragenen Sinne und bildlich kann man sich auch den Gley vorstellen wie eine Autobahn mit zu wenigen Straßen (= Poren) und zu vielen Autos (Autos=Wasserteilchen). Die Folge ist der Stau von Wasser.

Was ist der Unterschied zwischen einem primären und sekundären Pseudogley?

- **Primärer Pseudogley**
  Entsteht aus zumeist tonreichem Material
- **Sekundärer Pseudogley**
  Mittelbar entwickelte Stauschicht, z.B. durch Verdichtung, Lessivierung einer Parabraunerde

Zusatzwissen

Bei dem Prozess der Lessivierung erfolgt eine vertikale Verlagerung von Tonmineralteilchen (< 0,002 mm) von einem oberen, an Ton verarmten Horizont (z.B. Al) mit dem Sickerwasser in tiefere, bindigere Bodenbereiche (z.B. Bt). Für die Bildung einer Parabraunerde ist die vertikale Verlagerung von Ton notwendig von einem oberen, an Ton verarmten und einem darunterliegenden tonreichen Horizont. In diesem Horizont können sich an den Porenflächen Belege bilden (sog. Tonhäutchen bzw. Toncutane). In diesen Bereichen herrscht ein gutes Nährstoff- und Wasserangebot und eine zumeist hohe Durchwurzelung.

Bei welchem Ausgangsmaterial ist die Parabraunerde weit verbreitet?

Kalkreicher Untergrund.

Wodurch zeichnet sich v.a. ein Pelosol aus?

Sehr tonreicher Boden, zumeist mit dem Profilaufbau A-C.

Wodurch zeichnet sich ein Ranker aus?

Flachgründiger Humusboden auf kalkfreiem Ausgangsmaterial mit dem Profilaufbau Ah-C, meist verwittertem Substrat und dem häufigen Vorkommen von Auflagehumus, meist Moder oder Rohhumus. Die Podsolierung ist keine Seltenheit. Häufig kleinflächiges Vorkommen auf anstehendem Gestein (Kuppen, Felsfreistellungen), insb. in Mittelgebirgen verbreitet mit höheren Regenmengen und niedrigen Temperaturen.

Zusatzwissen

Das Pendant als flachgründiger Boden auf kalkreichem Material bildet die Rendzina. Verbreitet ist dieser Bodentyp in kalkreichen Gebieten.

Wie wird ein Podsol auch genannt und wodurch zeichnet er sich aus?

Der Podsol wird auch Bleicherde genannt. Er zeichnet sich durch einen geringen Turnover aus und besitzt ein saures pH-Milieu und eine geringe Nährstoffverfügbarkeit.

Klassischerweise besitzt er einen Auflagehumus oder eine Rohhumusauflage, da die Streu aufgrund der geringen biologischen Aktivität nur wenig abgebaut wird.

Die Podsolierung ist der prägende Prozess und beschreibt die vertikale Verlagerung von metallorganischen Stoffen (insb. Aluminium- und Eisenoxide oder Humusstoffe) aus dem Oberboden in den Unterboden mit dem Sickerwasser. Dieser Prozess ist klimatisch und durch stark saure pH-Wertverhältnisse geprägt.

Zusatzwissen

Podsolige und Podsol-Braunerden finden sich häufig auf quarzreichem, sandigem Ausgangsmaterial. Möglich ist auch, dass sich Braunerden zu Podsolen entwickeln, etwa bei lösslehmarmen Decksedimenten und quarzreichem, tiefreichendem entbastem Substrat.

Die Podsolierung wird im Humus angezeigt, etwa bei einem rohhumusartigen Moder durch rötlich-braune Quarzkörner (Quarzkörner, mit einer Eisenoxidhülle) oder hellen Quarzkörnern (Vorhandensein von Fulvosäuren).

Der Podsol ist weit verbreitet im biorealen Nadelwald.

Was ist der Unterschied zwischen Adhäsion und Kohäsion?

- **Adhäsion**
  Zusammenhalt zwischen zwei verschiedenen Stoffen, z.B. zwischen Wasser und Glas oder Wasser und Bodenpartikel.
- **Kohäsion**
  Wassermoleküle halten zusammen durch Wasserstoffbrücken zwischen Sauerstoff- und Wasserstoffatomen.

Zusatzwissen

Mit diesem Wissen lässt sich auch der kapillare Aufstieg erklären, also z.B. der Wasseraufstieg in einer Röhre. In diesem Fall ist es aufgrund der zu benetzenden polaren Fläche für die Tropfen energetisch günstiger, sich auseinander zu ziehen, da die Adhäsion gegenüber der Kohäsion überwiegt, bei einem Benetzungswinkel <90°. Anders dagegen der Fall bei einer hydrophoben Röhre (Fläche ist nicht benetzbar, da es energetisch günstiger ist, bleibt sie unbenetzt), in der sich eine Halbkugel in der Röhre bildet. Auch im Fall von einem „über"vollen Glas überwiegt die Kohäsion (=Oberflächenspannung) gegenüber der Adhäsion.

Welchen Einfluss hat der Porendurchmesser auf die kapillare Aufstiegshöhe?

Im Grundsatz gilt, je kleiner der Porendurchmesser, desto höher die kapillare Aufstiegshöhe. Dabei lassen sich folgende Porengrößen voneinander unterscheiden:

- **Makro- bzw. Grobporen**

  Äquivalentdurchmesser (µm): 100 bis 1500

  Das Volumen der Grobporen entspricht dabei der Luftkapazität. Bereits kurz nach einem Niederschlag sind die Poren wieder wasserfrei, da sie schnell dränierend wirken.

  z.B. Gänge von Regenwürmern

- **Mittelporen bzw. enge Grobporen**

  Äquivalentdurchmesser (µm): 1,5 bis 100

  Sättigung der langsam dränierenden Poren entspricht der Feldkapazität. Diese Poren halten das Wasser im Boden und sind nur langsam dränierend.

- **Feinporen**

  Äquivalentdurchmesser (µm): 0,2

Zusatzwissen

Neben dem oben genannten Zusammenhang gilt, dass mit kleiner werdender Körnung und Poren die Leitfähigkeit von Wasser schlechter wird. Grund hierfür ist, dass kleine Poren weniger Wasser aufgrund der höheren Wandreibung leiten. Erst wenn alle Poren gesättigt sind, besteht die höchste Leitfähigkeit. Die ungesättigte Wasserleitfähigkeit nimmt mit abnehmender Bodenfeuchte exponentiell ab. Gerade in Trockenperioden kommt es vielfach zu trockenen, unbenetzten Abschnitten zwischen Poren, eine Aufsummierung von nicht mehr wasserführenden Poren und einer Abnahme der Fließmenge. Derartige Zusammenhänge sind auch mathematisch gegriffen wie etwa mit dem Darcy-Gesetz.

Welche Faktoren sind bei der Berechnung der nutzbaren Wasserspeicherkapazität zu berücksichtigen?

- Bodenart
- Durchwurzelbare Bodentiefe
- Lagerungsdichte
- Organische Substanz (Humusgehalt)
- Skelettanteil (insb. Steinvorkommen)

Zusatzwissen

Bei der schnellen Abschätzung der Wasserverfügbarkeit/ nWSK-Berechnung liegt der Fokus in der Praxis zumeist bei max. 1m Mächtigkeit, also dem eigentlichen Hauptwurzelraum. Für die nWSK-Berechnung kann mit einer einfachen Faustformel: 20 x Mächtigkeit des Horizonts (dm) x Skelettanteil (%) eine grobe Schätzung für die Wassermenge erfolgen (Ergebnis in mm). Ein kritischer nWSK-Wert sollte für ein „optimales" Wachstum nicht unter 30% fallen. Dieser Grenzwert für Totwasser (Welkepunkt) ist definiert über die Sonnenblume, die einen pF-Wert von 4,2 besitzt. Der pF-Wert ist definiert als diejenige Energie, die ein Boden der Schwerkraft entgegensetzen kann, um Wasser zu halten. Es gilt, dass mit zunehmend trockenem Boden der pF-Wert steigt.

Mit dem Erreichen des Welkepunktes (alle wasserführenden Grob- und Mittelporen > 2µm sind ausgetrocknet) ist das Wasser so stark gebunden, dass es nicht mehr pflanzenverfügbar ist. Xerophyten, als besonders trockenangepasste Pflanzen, besitzen die Fähigkeit auch mit hohen Saugspannungen zurechtzukommen, um auch geringe Bodenfeuchten nutzen zu können. Die Welkefeuchte setzt dann ein, wenn das verbleibende Bodenrestwasser nicht (mehr) pflanzenverfügbar ist. Erwartungsgemäß bestehen im Umkehrschluss enge Zusammenhänge zwischen Wasserangebot und Ertragsleistung, etwa bei Fichte, wo beide Größen methodisch erfasst und eng miteinander korreliert sind.

Was sind Klimahüllen (engl. „climate envelope")?

Zweidimensionale Darstellung der Häufigkeitsverteilung von Temperatur und Niederschlagssumme für einen definierten Bereich (z.B. Waldgesellschaft, Bundesland). Dadurch ergeben sich Unterschiede zwischen Baumarten und Klima durch unterschiedliche Positionen im Koordinatensystem. Die leicht interpretierbaren Hüllen zeigen regelmäßig den derzeitigen und prognostizierten Verbreitungsschwerpunkt an. Der Grad der Übereinstimmung zeigt die Trockenangepasstheit, Vulnerabilität, mögliche Bonitätsauswirkungen der Baumart bzw. Waldstruktur an. Potential besteht in der weiteren Integration von Informationen zu Temperatur- und Niederschlagssummen in ihrer jahreszeitlichen Verteilung bzw. Ausprägung, den Extremereignissen (z.B. Frost) und Werten zum Bodenwasserhaushalt.

Nenne und beschreibe die Stromgrößen, die den Wasserhaushalt im Wald beeinflussen.

Der Niederschlag trifft in aller Regel zunächst auf die Krone, die oft wie ein schirmartiger Schutz wirkt. Aufgrund der hohen Blattoberfläche ist die zurückgehaltene Niederschlagsmenge vergleichsweise hoch (=Interzeption). Ein weiterer Teil vom Wasser fließt entweder den Stamm hinab (v.a. bei Laubbäumen aufgrund ihrer Kronenarchitektur) oder an der Kronentraufe ab. Mit dem Einsickern des Wassers in den Boden (=Perkolation) kann ein Teil zum Auffüllen der Bodenwasserspeicher genutzt werden, ein Teil versickert weiter in den Bereich des Tiefenwassers (z.B. zur Grundwasserneubildung) oder kann von Wurzeln aufgenommen werden. Die Transpiration ist letztlich der Prozess, der den Verbrauch von dem aufgenommenen Wasser in der Pflanze beschreibt (=stomatäre oder cuticuläre Transpiration). Bei der Evaporation handelt es sich um den Verlust von Wasserdampf, also Verdunstungsprozessen des Bodens.

Zusatzwissen

Die stomatäre Transpiration beschreibt die Verdunstung von Wasser über die regulierbaren Spaltöffnungen, wohingegen die cuticuläre Transpiration den nicht steuerbaren Wasserverlust bezeichnet (insb. abhängig von den Eigenschaften der Wachsschicht).

Welche drei Skalenebenen der Fauna lassen sich im Boden unterscheiden?

- **Mikrofauna**
    z.B. Bakterien
- **Mesofauna**
    z.B. Nematoden
- **Makrofauna**
    z. B. Regenwürmer, Schnecken, Spinnen

Zusatzwissen

Eine wertvolle Arbeit liefern Regenwürmer in Mitteleuropa durch Bioturbation, Bodenlockerung, Vermischung von organischem und anorganischem Substrat und der Zerkleinerung.

In Nordamerika wurde der europäische Regenwurm ausgesetzt und hat sich dort als invasive Art weit ausgebreitet mit dem Problem, dass die dortigen Ökosysteme an den neuen Gast nicht angepasst sind.

Wofür ist das C-N-Verhältnis ein guter Indikator?

Indikator für Nährstoffreichtum und Wuchskraft (enges Verhältnis <20:1) und biologischer Inaktivität bei einem hohen Wertepaar (z.B. Hochmoore 50:1).

Zusatzwissen

Der Kohlenstoffgehalt ist zumeist umso höher, je mehr organisches Material vorhanden ist. Die Verteilung im Boden folgt zumeist der allgemeinen Regel „je weiter oben, desto mehr organisches Material, desto höher der Kohlenstoffgehalt". Durch Stickstoffdepositionen („Düngung über die Luft") kommt es zu einem Abbau von Rohhumus, das C-N-Verhältnis ändert sich und Stickstoff wird angereichert. Sowohl Kohlenstoff (C) als auch Stickstoff (N) liegen zunächst organisch vor und werden erst durch Mikroorganismen in anorganische Verbindungen überführt, woraus sich die Verfügbarkeit von Stickstoff ergibt. Stickstoff ist ein lebenswichtiger Baustein für Bodenbakterien, da diese relativ stationär sind, ist eine lokale Stickstoffverfügbarkeit besonders wichtig.

Was ist der Unterschied zwischen Bodenbelüftung und -respiration?

- Bodenbelüftung

Versorgung mit Sauerstoff (O_2) und Entsorgung von Kohlenstoffdioxid (CO_2)

- Bodenrespiration

Verbrauch an Sauerstoff (O_2) und Freisetzung von Kohlenstoffdioxid (CO_2)

Zusatzwissen

Stetig findet eine Diffusion statt zwischen Atmosphäre (Sauerstoffanteil von 21%) und dem Boden. Mit zunehmender Bodentiefe nimmt dabei die Sauerstoffkonzentration ab. Durch hohe Wassermengen kann die den Organismen zur Verfügung stehende Sauerstoffmenge (O_2) nochmals reduziert werden. Sauerstoff ist so bedeutend im Boden, da Organismen (Konsumenten und Destruenten) und mit Pflanzenwurzeln vergesellschaftete Organismen (Mykorrhiza) auf ihn angewiesen sind zur Aufrechterhaltung von Lebensvorgängen.

Was versteht man unter autotropher, biotropher und saprotropher Lebensweise?

- autotrophe Lebensweise

Ernährung basiert auf anorganischen Organismen
z.B. Pflanzen

- biotrophe Lebensweise

Ernährung basiert auf lebenden Organismen bzw. organischem Material
z.B. Parasiten, Pilze

- saprotrophe Lebensweise

Ernährung basiert auf abgestorbenem Material bzw. Biomasse
z.B. Pilze

Was sind die Oberziele bzw. die Aufgaben der Forsteinrichtung (Teil 1)?

- **Inventur und Analyse** vom gegenwärtigen Betriebszustand

z.B. Waldgröße, Baumarten (z.B. Leitbaumarten und seltene Baumarten), Altersaufbau, Verjüngung, Naturschutz (z.B. Totholz), Organisation, finanzielle Rahmenbedingungen, Arbeitskapazität, Erschließung, weitere Strukturdaten zum Betrieb, forstgeschichtliche Größen (z.B. Vorbestand, vorheriges Baumartenvorkommen), standörtliche Daten (z.B. Temperatur, Wasserhaushalt, Geologie), Restriktionen und rechtliche Daten (z.B. Schutzwald) und darauf abgestimmte Planungs- bzw. Bewirtschaftungsansätze (z.B. Entnahmemengen, Holzproduktziel, Eingriffswiederkehr, Produktionszeiten)

Was sind die Oberziele bzw. die Aufgaben der Forsteinrichtung (Teil 2)?

- **Kontrolle**

  Zustands- und Leistungskontrolle, insb. Verhältnis von Nutzung und Zuwachs, der Naturalausstattung und dem bisherigen Betriebsablauf, Waldzustand, -einteilung, -infrastruktur, Warenströme der vergangenen Jahre

- **Planung** (mittel- und langfristig)

  Zukünftige Betriebsziele (Eigentümer, Planungsspielraum, Zielkonflikte und Lösungen), Betriebsaufgaben und -abläufe, z.B. Waldbehandlung, Entwicklungsziele, Funktionen, Umweltvorsorge. Ziel ist die Gewährleistung einer ordnungsgemäßen Forstwirtschaft unter Einhaltung von Nachhaltigkeit und Umweltvorsorge. Die Risiken sind beeinflusst durch die unsichere Zukunft (Kalamitäten, Konjunktur etc.). Aufstellung eines naturalen Rahmenplans für die operative Jahresplanung.

- liefert Zahlen und ist Basis für das **Controlling**

- Bildung der **Betriebsgrundlage**

  Vorbereitung der wesentlichen Entscheidungen für den Betriebsablauf (z.B. Arbeitskräfte, Maßnahmen, Holzsortimente)

Zusatzwissen

Die Forsteinrichtung bedient sich vegetationskundlicher Daten (insb. Standort und Klima) unter Berücksichtigung der unterschiedlichen ökologischen Ebenen (z.B. Autökologie, Ökosystemphysiologie), um die Betriebspotenziale zu greifen und zu verdichten (Stärken/Schwächen und Chancen/ Risiken). Den Rahmen bilden Gesetze (z.B. Waldgesetze) und zahlreiche untergesetzliche Normen und Vorschriften. Zeithorizont einer Planungsperiode sind regelmäßig zehn Jahre (regelmäßig wiederkehrender Turnus). Der Plan kann um fünf weitere Jahre fortgeschrieben werden.

Was versteht man unter einem Forstbetrieb?

Wirtschaftssystem, das insbesondere auf die Produktion von Holz ausgerichtet ist.

Zusatzwissen

Ein Forstbetrieb ist aus bestimmten hierarchisch, gegliederten Flächen zusammengesetzt.

Nenne die sieben hierarchischen Gliederungsstufen in der Forsteinrichtung?

- **Betrieb**
  ggf. unterteilt in Reviere
- **Distrikt**
  regelmäßig große, zusammenhänge Waldgebiete >10 ha Größe
- **Abteilung,** ggf. mit Unterabteilung, Waldort
  Abgrenzung durch natürliche, technische, wirtschaftliche oder rechtliche Grenzverläufe (z.B. Wege, Bäche, Baumartenwechsel, Geländewechsel)
- **Bestand, Befundeinheit**
  Vergleichbare standörtliche und waldökologische Eigenschaften bzw. Ist-Situation (z.B. hinsichtlicher der Struktur, Zusammensetzung, Planung, Behandlung, Kontrolle)
- **Schichtung des Waldes**
  Vertikale Gliederung der Struktur in Unterschicht (bis ca. 4m Höhe), Zwischenschicht (bis ca. 10m Höhe), Hauptschicht und/oder Schirm
- **Baumartenzeile**
  Horizontale Gliederung der vorkommenden Baumarten und einzelbaumweise Erfassung

Zusatzwissen

Die Gliederung eines Waldes oder Forstbetriebs (insb. die kartografische) ist von hoher Bedeutung. Das liegt zum Einen an der großräumigen Variabilität der Boden-, Gelände-, und Witterungseigenschaften und zum Anderen an den Baumartenunterschieden, deren lange Lebenszeit unter den wechselnden klimatischen und wirtschaftlichen Rahmenbedingungen, die Planung und Organisation erschwert. Ziel ist es deshalb georeferenzierte Wirtschaftseinheiten zu bilden, die mit Informationen, sowohl in der Jahresplanung als auch in der Forsteinrichtung hinterlegt sind.

Wie ist der Ablauf bei der Erstellung einer Forsteinrichtung (Teil 1)?

- **Erstes Informations- und Abstimmungsgespräch zwischen dem Waldbesitzenden bzw. -eigentümer und dem Forsteinrichtenden**

    Allgemeine Walddaten (z.B. Zeitpunkt der letzten Forsteinrichtung, Höhenlage, Größe und Arrondierung der Waldfläche), Waldeigentümerziele (z.B. Energie-, Industrie-, oder Wertholz als Holzproduktziel, Altersstruktur, Artenschutzziele und schriftliche Fixierung der Ergebnisse.

- **Waldaufnahme und Inventur**

    Vor dem ersten Außentermin gilt es einen roten Faden, bestimmte waldökologische Strukturen („Schubladen") und Potenziale in einer ersten Übersicht zu erkennen und zusammenzustellen. Basis der Inventur und Kontrolle sind dann moderne Waldflächenmessungen (z.B. Geo- und Sachdaten von hyperspektralen Aufnahmen, LIDAR, Sentinel-Satellitendaten) und die mobile Erfassung im Wald (Waldbegang) mit dem Ziel zur Einholung qualifizierter Schätzungen. Auf diesem Schritt baut die Entwicklung von betrieblichen Leitbildern (z.B. Pflege von Wertbäumen, Generationenwechsel) auf. Besondere Berücksichtigung findet die naturschutzfachliche Integration der Umweltvorsorgeplanung (Artenvorkommen, Naturnähe, Alt- und Totholz). Begleitend zur Inventur findet eine konstante Beteiligung und Abstimmung mit der Revier- und Forstamtsleitung oder den Waldbesitzenden (z.B. über Infrastruktur, Pflege, Lage des Waldes, Waldeinteilung) statt.

Wie ist der Ablauf bei der Erstellung einer Forsteinrichtung (Teil 2)?

- Analyse und Planung auf Basis der Sach- und Grafikinformationen

Waldzustand und geplante Waldbehandlungen werden in Bezug gesetzt zum bundes- oder landesweiten Schnitt oder ggf. übergeordneten Zielen, um Eigenschaften, Kennwerte, Verantwortungen für Seltenes, Flächen oder Alter zu erkennen. Markante Informationen werden digital erfasst.

- Schriftliche Zusammenstellung der Planergebnisse im Erläuterungsbericht

Die Hauptergebnisse der Zustandserfassung der Sach- und Grafikinformationen (z.B. Nachhaltigskeitweiser, Karten) werden fixiert.

- Inkrafttreten des Betriebsplans

Neben Schlussbesprechung und -begang kommt es zum Beschluss von dem Betriebsplan durch den Waldbesitzer (z.B. durch den Stadt- oder Gemeinderat, Privatwaldbesitzer). Im Anschluss wird der Betriebsplan bzw. das Forsteinrichtungwerk ausgeliefert.

Zusatzwissen

Bei der Digitalisierung von Waldflächen gelten die strengen Voraussetzungen an Wald, die in den Waldgesetzen definiert sind. Es handelt sich also nicht um eine Liegenschaftsverwaldung aller Grundstücksflächen.

Neben dem zehnjährigen Turnus ist regelmäßig auch Beginn (zum 30.09) und Ende (zum 1.10) als Stichtag festgelegt.

Nenne mögliche Betriebsziele.

- **Nutzfunktion**
  z.B. Arbeitsplätze, lokale Energieholzbereitstellung, positives Betriebsergebnis, Vermögensanreicherung und -erhalt („Sparkasse Wald, Wertholzerzeugung), Jagd.
- **Schutzfunktion**
  z.B. Arten-, Boden-, Denkmal oder Wasserschutz
- **Erholungsfunktion**
  z.B. Erholungsnutzung

Zusatzwissen

Die Zielbestimmung und -gewichtung erfolgt in der Regel durch den Waldbesitzenden.
Im naturschutzfachlichen wird zwischen Artenschutz (z.B. geschützte Arten, Populationen) und Gebietsschutz (z.B. Biosphärenreservat mit Zonierungen) unterschieden. Zwischen beiden Bereichen kann es auch eine gemeinsame Schnittmenge geben, etwa in der Planung und Ausweisung von Flächen, die einen präventiven Zweck erfüllen (z.B. Alt- und Totholzkonzept) und die eigentliche Wildnis-Etablierung zeitlich verzögert eintritt.

Warum ist die Luftbildinterpreation in der Forstwirtschaft von großer Bedeutung?

Die langfristige Planung in der Forstwirtschaft fußt zu großen Teilen auf Großräumigkeit und Gliederung der räumlichen Ordnung, die in Kartendarstellungen, inkl. Detaildarstellungen mündet.

Welche Flächen- und Raummaße sind in der Forsteinrichtung üblich?

- **Flächenmaße**

  1 km² = 100 Hektar, 1000m*1000m

  1 Hektar (ha) = 10.000 m², 100m*100m

- **Raummaße** (Holz)

  1 Festmeter = 1 m³

  1 Vorratsfestmeter = Vorrat eines stehenden Baums oder eines Waldes, nur Derbholz berücksichtigt (Brusthöhendurchmesser >7cm), inkl. Rinde

  1 Erntefestmeter = Vorratsfestmeter abzüglich Rindenverluste (ca. 10%) und Holzernteverlust (ca. 10%)

  1 Raummeter = lose, geschichtetes Holz (z.B. Brenn- oder Industrieholz)

Zusatzwissen

Die Umrechnung von 1 Festmeter in Raummeter beträgt 1,6

In welche Größen lässt sich das Baumvolumen aufteilen?

- **Derbholz**

  Durchmesserdimension > 7cm Brusthöhendurchmesser (abgekürzt BHD)

- **Reisigholz bzw. Nicht-Derbholz**

  Durchmesserdimension < 7cm BHD

Was versteht man unter dem Brusthöhendurchmesser?

- Durchmesser am Baum in 1,30m Höhe
Bergseitig zu messen

Der Durchmesser lässt sich mithilfe eines Umfangmaßbandes, einer Kluppe oder etwa einem Dendrometer erheben. Anhand des Durchmessers lassen sich Durchmesserklassen bilden, die für die Entnahme während der Holzernte von Bedeutung sind (z.B. durchschnittliche Entnahme-BHD).

Was versteht man unter der Baumhöhe?

- Höhe vom Stammfuß bis zur Wipfelspitze
bei schräg stehenden bzw. schiefen Bäumen kann die Länge größer sein als die Höhe

Die Baumhöhe lässt sich über die Stockpeilung schätzen oder mittels technischer Geräte messen.

Was ist der Unterschied zwischen dem physiologischen und wirtschaftlichen Alter?

- Das physiologische Alter entspricht dem biologisch tatsächlichen Alter.
Anzahl der Jahrringe + Alter bis zum Erreichen dieser Messhöhe
Bei Jungbäumen (insb. Nadelbäumen) ist das Alter ggf. über die Astquirle ableitbar.
- Das wirtschaftliche Alter entspricht der wirtschaftlichen Entwicklungsstufe.
z.B. schwacher, unterständiger Baum im Zwischenstand, der jedoch biologisch das gleiche Alter besitzt wie der starke und volumenreiche Baum im Oberstand.

Wie lässt sich das Baumvolumen nach Denzin schätzen?

$$V = BHD^2 / 1000$$

V ist dabei das Volumen in Vorratsfestmeter bei einer Baumhöhe von 25m. Für jeden Meter mehr oder weniger wird baumindividuell ein Prozent hinzugerechnet (z.B. Bu +/- 3%)

Zusatzwissen

Alternativ gibt es Verfahren zur Volumenbestimmung, die mit baumindividuellen Kennwerten und Faktoren arbeiten und somit deutlich genauere Informationen liefern. Diese waldwachstumskundlichen Messverfahren sind Grundlage gewesen für die Aufstellung der sogenannten Ertragstafeln.

Informationen von BHD, Alter, Höhe und Formfaktor sind wichtige Größen in der Planung von Holzerntemaßnahmen (z.B. zur Berechnung der durchschnittlichen Stückmasse oder Gesamtmasse an Holz).

Welche numerische Möglichkeit gibt es, um den Bestockungsgrad zu ermitteln?

Ziel ist die Beurteilung wie dicht der Wald mit Bäumen bewachsen bzw. bestockt ist.

- Numerische Grundflächenmessung und Vergleich zur Ertragstafel

Messen der tatsächlichen Quadratmeter in einem Waldort mit dem Dendrometer und in Bezug setzen zur Grundfläche eines Modells, etwa einer Ertragstafel.

Zusatzwissen

Mit dem Wissen um die Bestockung und dem Dichtstand kann vor Ort die Dringlichkeit einer Pflegemaßnahme und Holzernte beurteilt werden. Die numerische Obergrenze ist häufig durch die Forsteinrichtung fixiert mit einem gewissen Freiraum für waldbauliche Eingriffe und Kalamitätspuffer.

- Optische Schätzung

Gering bestockt (z.B. lückig)

Zwischen den Baumkronen ist soviel Platz, dass der Himmel gut erkannt werden kann bzw. Sonnenlicht ohne weiteres auf den Waldboden scheint. Auf dem Boden ist bereits vereinzelt Naturverjüngung zu beobachten. Die Abstände zwischen den Baumkronen sind so groß, dass die Distanz durch das Kronenwachstum nicht mehr geschlossen wird.

Leicht bestockt (z.B. locker-licht)

Freigestellte, lichtumflutete Bäume prägen das Bild, bei dem ausreichende Wuchsräume in der Kronenschicht vorhanden sind.

Vollbestockung (z.B. geschlossen)

Die Bäume stehen in einem so engen Verhältnis, dass sich die nachbarschaftlichen Baumkronen berühren.

Überbestockt (z.B. gedrängt)

Die Bäume stehen so dicht, dass die Baumkronen benachbarter Bäume sich berühren, ineinaderwachsen oder voneinander ausweichen, es jedoch in der Krone keinen Platz mehr gibt.

Zusatzwissen

Mit dem Wissen um die Bestockung und dem Dichtstand kann vor Ort die Dringlichkeit einer Pflegemaßnahme und Holzernte beurteilt werden. Die numerische Obergrenze ist häufig durch die Forsteinrichtung fixiert mit einem gewissen Freiraum für waldbauliche Eingriffe und Kalamitätspuffer.

Was versteht man unter dem h/d-Wert

Weiser für die Standfestigkeit von einem Baum, der sich aus dem Verhältnis von Baumhöhe zu Brusthöhendurchmesser bilden lässt. Er bildet einen Stabilitätsweiser, wenn der Wert kleiner als ca. 75-85 ist, gilt die Stabilität regelmäßig als gut. Bäume mit Werten über 120 weisen dagegen eine besonders labile Form auf.

Was versteht man unter der Kronenschirmfläche?

Projektionsfläche der Krone.

Was versteht man unter der Kronenlänge?

Baumhöhe abzüglich der astfreien Schaftlänge.

Was versteht man unter dem Normalwaldmodell nach Hundeshagen (1826)?

Ein Konzept zur Sicherung der nachhaltigen Holzproduktion in ungleichaltrigen Wäldern, bei dem der Normalwald einen idealisierten Gleichgewichtszustand darstellt. Beispiel:

Waldfläche mit 100ha
Planmäßige Umtriebszeit (u): 100 Jahre
Aufteilung vom Waldgebiet in 100 Parzellen
Pro Waldparzelle Wald 1 Jahr Unterschied
=> Jedes Jahr kann 1ha von 100ha Waldfläche genutzt werden, wenn die Flächen jeweils einer Altersgruppe entsprechen
(alternativ: 70ha, 100 Jahre Umtriebszeit, 0,7ha jährliche Nutzungsmöglichkeit)

Zusatzwissen

Das Normalwaldmodell spielt bis heute eine Rolle, z.B. in der Plantagenwirtschaft, um in kürzeren Zeiträumen, standortunabhängiger (insb. bei reduziertem Risiko) produzieren zu können. Ziel der mathematischen Herleitung ist dann entweder die Bestimmung der jährlichen Hiebsfläche oder die Ableitung eines Konzepts zur nachhaltigen Holzproduktion, die die Gesamtfläche, ggf. Vorrat und Nutzungsrate berücksichtigt. Typische Plantagenbaumarten sind Eukalypten, Kiefern oder Pappeln. Das Wirtschaften in Plantagen ähnelt sehr stark landwirtschaftlichen Produktionsverfahren, da Vorbereitung und Verjüngung/Reproduktion künstlich (insb. unter Einsatz von Dünger, ggf. auch genetische Veränderungen) und das Vorgehen schematisch erfolgen. Zudem orientieren sich die Maßnahmen nicht am einzelnen Baum, sondern zumeist am Weltmarkt.

Das Normwaldmodell erfüllt die Kriterien eines nachhaltigen Forstbetriebs, der die jährliche Holznutzung als Ziel hat. Eine andere Möglichkeit wäre unter naturnäheren Nutzungsverfahren und Waldstrukturen zu produzieren unter Gewährleistung der umfassenderen, ökologischen Nachhaltigkeit.

Was sind die Voraussetzungen bzw. Annahmen für die Anwendung von dem Normalwaldmodell?

- gleicher Standort, gleiche Wuchskraft bzw. Bonität: Wachstumsbedingungen sind überall gleich und bleiben über die Zeit konstant (unabhängig von Alter und Umwelteinflüssen)
- gleiche Baumart
- alle Altersstufen sind mit gleicher Fläche vertreten, ohne wesentliche Baummortalität
- Gleichgewicht zwischen Vorrat, Nutzung und Zuwachs: Es wird immer genau der Zuwachs geerntet, der stetig nach der Ernte wieder zuwächst
- gleiche Behandlung
- Festlegung einer Umtriebszeit

Zusatzwissen

Die kleinste georeferenzierte Einheit der Waldeinteilung nennt man in der Praxis Bestand bzw. Befundeinheit.

Nenne Nachteile einer Kahlschlagswirtschaft.

- **Landschaftsbild**
  Abrupte Veränderung, Störung bzw. Eingriff in der Landschaft
- **Wirtschaftlich**
  Hohe Risiken, v.a. bei langen Umtriebszeiten und wenig wüchsigen Standorten (Instabilität, geringe waldbauliche Spielräume)
- **Ökologisch**
  Fehlender Schutz der Altbäume für die nächste Waldgeneration (insb. Hitze, Frost)
  Bodenaustrockung- oder erosion, ggf. erhöhte Nährstoffverluste und Bodenmineralisierung
  Unterbrochene Kontinuität der Lebensräume und Lebensgemeinschaften

Mit welchen flächigen Klassifikationsmerkmalen arbeitet die Forsteinrichtung?

- **Kleinräumig** bis ca. 500m^2
- **Horstweise** bis ca. 5000m^2
- **Fächig** mehr als ca. 5.000m^2
- die Blöße beschreibt einen nicht bewaldeten Bereich mit min. ca. 1000m^2

Eine Baumart sollte aufgenommen werden, sobald sie einen Anteil von mehr als 10% aufweist oder ökologisch besonders wertvoll ist.

Was versteht man unter den Kraft'schen Stammklassen (Kraft 1888)?

Soziale Stellung eines Baumes im nachbarschaftlichen Wald-Kollektiv. Ziel ist die Gliederung des Waldortes oder Baumkollektivs nach sozialen Klassen:
1. Vorherrschend
2. Herrschend
3. Mitherrschend
4. Beherrscht
5. Unterständig

Für die Ausbildung von unterschiedlichen, sozialen Stellungen in einem Wald sind die Standortsverhältnisse (insb. Lichtgenuss, Wasser- und Nährstoffhaushalt), das arttypische Wuchsverhalten und nachbarschaftliche, räumliche Verhältnisse (insb. Wuchsraum) ursächlich. Ganz wesentliche Beurteilungskriterien zur Einordnung in eine Klasse sind die Baumhöhe (insb. Höhenzuwächse) und die Vitalität der Krone. Unterschiedliche vertikale Zuwachsniveaus können zu Schichten führen.

Warum ist die Planung von Wäldern von Bedeutung?

- Waldbesitzende können in den Plänen ihre Ziele festlegen
- Forsteinrichtung dient der Nachhaltskontrolle
  Gegenüberstellung zwischen Planung und Vollzug des abgelaufenen Planungszeitraumes
  Sicherstellung und Balance zwischen Waldwirtschaft, Nachhaltigkeit und Umweltvorsorge
- Rahmen für jährliche Wirtschaftspläne

Zusatzwissen
Veränderte Waldstrukturen und Wachstumsbedingungen (z.B. verlängerte Vegetationsperiode, Stoffeintrag aus der Luft/dem Wasser, die Aufgabe der Streunutzung und die neuen Möglichkeiten der Fernerkundung, (insb. datenbankgestützte Verfahren und GIS-Anwendungen) erlauben einen immer verantwortungsbewussteren Ressourcenumgang, der in der Planung zum Ausdruck kommt.

Welche Rolle hat das Naturalcontrolling?

Zeitlich setzt das Naturalcontrolling zur Mitte der Forsteinrichtungsdauer ein. Ziel ist die Beratung und Information der Forstämter zum aktuellen Umsetzungsstand, sowohl qualitativ als auch quantitativ und um ggf. Handlungsmöglichkeiten aufzuzeigen.

Stellen Sie sich vor, Sie müssen einen Waldort beschreiben, wie strukturieren Sie Ihren Vortrag (Teil 1)?

- **Örtlichkeit** (Wo komme ich her bzw. woher kommen wir?)
  z.B. Wuchsgebiet, Höhenstufe, Standort, Entstehung (z.B. Naturverjüngung, Pflanzung, Saat), ggf. vergleichende Einordnung Land/Bund (z.B. ob typisch)
- **Bäume und Waldaufbau** (Wo bin ich hier?)
  z.B. Hauptbaumart(en), Nebenbaumarten, Vitalität, Standortansprüche, Stressmerkmale, Mischungsform (z.B. einzeln, horstweise, flächig), Blößen, Alter, Vorrat (abschätzbar anhand von Ertragstafelwerten), Ertragsklasse (0-4), Bestockungsgrad, Schäden (z.B. Schäl-, oder Splitterschäden)
- **Waldschutz***
  z.B. Borkenkäfer, Eschentriebsterben, Eichenprachtkäfer, Douglasienschütte, Edelkastanienrindenkrebs. Wiederbewaldung (Gegenspieler auf Freiflächen, Neophyten, Provenienzen)
  Absterbende Bäume (Rolle von Alt- und Totholz und differenzierte Ansprache)
- **Ökologische Waldzustand, Waldentwicklung** (Wo gehst Du hin, wohin gehen wir bzw. wie entwickeln wir uns?)
  Ziel-, Leit- oder Schlussbaumart, Ziel-Waldmischung, Verjüngungsfläche, Baumartenvielfalt (insb. Biodiversität, Klimawandel), Konkurrenzvegetation (z.B. Brombeere, Ginster), Schichtung, Totholz.

Stellen Sie sich vor, Sie müssen einen Waldort beschreiben, wie strukturieren Sie Ihren Vortrag (Teil 2)?

- Forstlicher Waldzustand, gelenkte Waldentwicklung
(Wo will ich Dich hin haben und wie soll mein Zielwald aussehen?)

Baumart, Holzproduktziel, Intensität (ausscheidende Mittendurchmesser: schwaches, mittleres, starkes, sehr starkes Holz), Befahrbarkeit (Ja oder Nein), kann seriell, also über mehrere Waldorte, geplant werden? Auslesebäume/Hektar (insb. werttragende oder ökologisch bedeutende Zukunftsbäume (ZB)), Vorrat (auch die Frage, wie viel wächst in der Zwischenzeit nach), Ansatz/Hektar (Entnahmemenge in Erntefestmeter (Efm), Zahl der Eingriffe im Jahrzehnt, Erntemenge über die Gesamtfläche), Nutzungsmenge, mittlerer Zuwachs im Bundesland, der Region, im Forstamt, Waldpflegemaßnahmen (dringend, erforderlich, sinnvoll), Baumartenverjüngung (natürlich, künstlich), Wildmanagement

- Alternativenstudium

Zusatzwissen

Bei jedem Einzelpunkt (insb. unter dem Aspekt Waldschutz) ist es wichtig, die ggf. vorhandenen Probleme zu erkennen/ anzusprechen und sie zu beschreiben, um sie dann analysieren und bewerten zu können. Oft sind es nicht spezifische Artenkenntnisse, sondern vielmehr die Gesamtzusammenhänge im Wald, für die man sein Auge trainieren muss.

Herleitung Nutzungsansatz, Beispiel:

Anzahl der Bedränger (z.B. Volumen von 0,3 Efm pro Bedränger und Zukunftsbaum (ZB), entspricht das bei einem schematischen Ansatz von 100 ZB (Abstand von 10x10m) einer Entnahmen von 30 Efm. Bei drei Bedrängern, die im Jahrzehnt zu entnehmen sind, würden damit 90 Efm entnommen werden.

Welche Entwicklungsstadien durchläuft ein Baum?

- **Jungbaum** (Zeit, in der der Baum nicht geschlechtsreif ist)
  Die Jugendphase beginnt mit der Keimung, der Kinderstube am Waldboden, dem Anwachsen und Durchsetzen gegenüber konkurrierenden Pflanzen (z.B. Gras) oder Tieren (z.B. Schalenwildverbiss). Baumindividuell folgt dann der Eintritt in einen verstärkten nachbarschaftlichen Austausch, zunehmender Differenzierung in den Baumkollektiven, bedingt durch unterschiedlich hohe Zuwächse.
- **Erwachsener Baum** (Erreichen der Geschlechtsreife)
  Der Baum hat seinen Standraum weitgehend besetzt und besitzt neben einem guten Wachstum die Möglichkeit zur Fortbildung.
- **Altbaum und Zerfall**
  Baum, der zunehmend Merkmale der Alterung aufweist, verletzlich auf Störungen reagiert (z.B. Dürräste in obersten Kronenpartien) und zumeist eine nur geringe Stresstoleranz (z.B. abnehmende Resistenz und Resilienz) aufweist; am Ende steht der Tod.

Zusatzwissen

Die Entwicklung eines Baumes kann mit Blick auf das forstliche Produkt (z.B. Unterscheidung in Stangenholz, Baumholz), dem Alter und Wachstum (z.B. Phasen) oder dem natürlichen Lebenszyklus bzw. -rhythmus betrachtet werden.

Was versteht man unter den drei biozönotischen Grundprinzipien (Thienemann, *1882 - † 1960)?

- Mit zunehmender Variabilität der Lebensbedingungen innerhalb einer Lebensstätte steigt die Menge an assoziierten Lebensgemeinschaften.
- Je weiter die Lebensbedingungen vom eigentlichen Optimum vorzufinden sind, desto größer die Artenarmut der Biozönose, damit einem Alleinstellungsmerkmal und einer hohen Individuenzahl einer Art.
- Mit fortschreitender Entwicklungszeit eines Ökosystems steigt der Artenreichtum einer Biozönose.

Stellen Sie sich vor, Sie müssen einen Baum in seinem Zustand und seiner Entwicklung beschreiben, wie strukturieren Sie Ihren Vortrag?

- **Wachsum**

z.B. Höhe, Alter (insb. wirtschaftliches und physiologisches Alter), Bonität (langer Baum spricht für hohe Bonität, auf schlechtwüchsigen Standorten ist die Maximalhöhe geringer, schnellere Oberhöhenkulmination), Kronen (z.B. Kronen-Stammverhältnis in der Jugend 50:50, später 25:75, tief- oder hochbelastete, grob- oder feinastig, weitausladende oder eingeklemmte Krone, steile Astabgangswinkel (z.B. als Indikator für einen langen Dichtstand), Hauptäste, Schwerpunktlage, Anteil und Verteilung von Licht- und Schattenblättern, Vitalität (z.B. Nadelprozent/ Kronenverlichtung/Anteil der grünen Krone, Anteil an Trockenästen, Stamm- oder Rückeschäden, BHD-Zuwachs (z.B. 0,8-1,1 cm/Jahr)

- **Wirtschaftlich**: Fokus auf dem Erdstammstück

z.B. Mindestlänge von 4m bei einer Mindestqualität von B oder besser vorhanden?

Fehler, Beschädigungen, Risiken, Wertkulmination (z.B. Schaft- und Wipfelschäden beeinträchtigen die qualitative Entwicklung, können Rindenverletzungen ggf. überwallt werden?

- **Ökologie**

z.B. Mikrohabitatvorkommen, Artenreichtum

- **Ästhetik**

z.B. solitärstehendes, schönes Exemplar

- **Weitere Entwicklung**

z.B. Ausdehnung der Krone, Leitäste, Zuwachs, Wertbaum, Rolle im Waldkollektiv

- **Waldpflege**

z.B. Schutz des Baums, Entfernen von Ästen, Entnahme von Nachbarbäumen

Was unterscheidet Intensität und Priorität?

Die Bewirtschaftungsintensität kann von keinem Eingriff im Jahrzehnt, über einmal (extensiv), zweimal im Jahrzehnt (normal oder voll bewirtschaftet) bis hin zu dreimal im Jahrzehnt (intensiv) reichen. Eine hohe Intensität ist immer auch mit einer hohen Priorität verbunden, aber eine hohe Priorität muss nicht mit einer hohen Intensität einhergehen. Eine hohe Priorität bei geringer Intensität kann etwa gegeben sein, wenn eine Kronen- oder Schaftpflege notwendig ist, hohe Holzerlöse zu erzielen sind oder Gegenspieler/Antagonisten virulent sind (z.B. drohende Holzentwertung durch Pilzbefall, Kernkäfer, Prachtkäfer). Auch die frühe Entwicklungsphase von Bäumen (ca. 15-50 Jahre) ist eine Spanne, die in der Wertholzproduktion wichtig ist für die Ausbildung von wertvollen Wäldern. Zwar haben die Bäume zumeist noch deutlich mehr als die Hälfte ihres Lebens vor sich, die Besetzung des Standraums, die Ausbildung von Qualitätsmerkmalen und die Reaktionsfähigkeit sind jedoch prioritär wichtig in einer Waldbewirtschaftung mit dem Ziel der Herstellung von Premiumware.

Zusatzwissen

Mit dem Wissen um die Intensität und Priorität kann eine Planung gestaffelt werden, z.B. in tabellarisch absteigender Sortierung jener Flächen mit höchsten Hiebsatz zu denen mit geringen Entnahmemengen. Mit dem Wissen um die standörtliche Situation und der Zielsetzung kann ein waldbauliches Pflegeprogramm gewählt werden („vom Ziel her denken"). Vom Ziel her denken bedeutet in diesem Zusammenhang auch die Beantwortung von vier grundsätzlichen Fragen: 1. „Wo komme ich (der Baum bzw. der Wald) her?", 2. „Wo bin ich (z.B. Lebensspanne, Umwelt)?", 3. „Wo gehe ich natürlicherweise hin" und 4. „Wo will ich Dich hin haben und wie realistisch ist dabei das forstlich gesetzte Ziel?".

Was ist das Ziel von Waldpflege?

Zum richtigen Ort, zum richtigen Zeitpunkt, in der richtigen Menge mit dem richtigen Preis-Leistungsverhältnis und dabei der richtigen Ausführung und dem richtigen Ziel die Entwicklung eines Baumes oder eines Waldes zu lenken.

Zusatzwissen

Maßnahmen der Waldpflege sind in den frühen Phasen eines Baumes besonders wirksam und damit häufig in ihrer Anzahl. Mit zunehmendem Alter nimmt die baumindividuelle Reaktionsfähigkeit (z.B. Kronenwachstum) zumeist ab. Auf der anderen Seite, sind es gerade die Maßnahmen im höheren Alter, die positive Deckungsbeiträge erzielen (insb. aufgrund der höheren Preise bei stärkeren Durchmesserklassen und dem abnehmendem Ernteaufwand, der dieser mit zunehmender Stück-Masse degressiv abnimmt; sogenanntes Stück-Masse-Gesetz. Ist mit der Entnahme von Bäumen die Einleitung der nächsten Waldgeneration verbunden spricht man von Endnutzung.

Was versteht man unter Resistenz und Resilienz im Ökosystem Wald?

- **Resistenz**: Widerstandskraft eines Ökosystems auf eine Störung, kleinräumige Fluktuationen möglich.
- **Resilienz**: Reaktion vom Ökosystem auf eine Störung und die zeitlich nachgelagerte Rückkehr in den Ausgangszustand. Vor der Rückkehr in diesen Zustand ist die Bildung bzw. das Durchlaufen von Sukzessionsstadien möglich.

Was versteht man unter Vorwald?

Anfangsstadium einer Sukzession, zumeist aus Pionierbaumarten bestehend.

Zusatzwissen

Sukzession (lat. *succedere* für nachfolgen) beschreibt die zeitliche Reihung aufeinanderfolgender Pflanzengesellschaften, die in der Regel ohne Zutun des Menschen erfolgt. Neben der Erstbesiedlung einer Fläche (= primäre Sukzession), kann ein Standort neu oder wiederbesiedelt werden (= sekundäre Sukzession).

Wozu dient ein Vorwald?

Neben landschaftsästhetischen Aspekten sind es vor allem jene Punkte:

- **Günstige Auswirkungen auf die Bodeneigenschaften**: verbesserter Nährstoff- und Wasserhaushalt, etwa durch durch abfallende Streu, Humusanreichung und Bioturbation.
- **Zukünftige Alt- und Totholzstrukturen**: Pionierbaumarten mit hohem Zuwachs in den ersten Lebensjahrzehnten, jedoch kurzer Lebensdauer/geringen Höchstaltern stellen vergleichsweise früh Lebensraum für holzbewohnende Arten zur Verfügung.
- **Erzieherische Wirkung auf Baumarten später Sukzesssionsstadien**: Baumarten der Schlusswaldgesellschaften, wie Rotbuchen und Weißtannen, besitzen die Fähigkeit mit wenig Licht auszukommen. Möglich wird das durch ein verstärktes seitliches Wachstum der Asttriebe. Ähnlich dem Winterschlaf bei Tieren, stellen sich die Bäume dann auf einen verringerten Ressourcenumsatz ein und versuchen zeitlich so lange zu „verharren" bis sich eine Krone im Blätterdach der Oberschicht auftut, um dann als älterer aber immer noch kleiner Baum verstärkt in die Höhe zu wachsen. In dieser beschatteten Zeit sind die unterständigen Bäume, wie Rotbuche und Tanne, gegenüber äußeren Umweltbedingungen besser geschützt (z.B. gegen Frost, Hitze, Hagel, Sturm, Sonneneinstrahlung) als auf einer Freifläche.
- **Erhöhte ökologische Integrität und Ökosystemgesundheit**: Waldentwicklung und -vitalität können durch den Vorwald, ggf. mithilfe eines naturnahen Standortspektrums und einer natürlichen Baumartenentwicklung gefördert werden.

Wie ist die Zuordnung der beiden Fortpflanzungsstrategien „r-Strategie" und „k-Strategie" zu Pionierbaumarten und Schlusswaldbaumarten bzw. Schattbaumarten?

- **r-Strategie**: Pionierbaumarten
- **k-Strategie**: Schlusswaldbaumarten, Schattbaumarten

Zusatzwissen

Die beiden Fortpflanzungsstrategien unterscheiden sich grundlegend voneinander. R-Strategen setzen etwa auf eine hohe Nachkommenzahl, dagegen besitzen k-Strategen in der Regel wenig Nachwuchs und gelten aufgrund ihrer anschließend intensiveren (Brut-) Pflege eher als die „Kümmerer". Neben dem Hauptunterschied in der Reproduktion gibt es weitere Aspekte, womit sich die beiden Gruppen voneinander abgrenzen lassen (z.B. Lebensdauer, Populationsgröße, Zeit bis zur Geschlechtsreife). Pionierbaumarten zeichnen sich dadurch aus, dass sie als Lichtbaumarten hohe Photosynthese- und Zuwachsraten besitzen, bereits in jungen Baumjahren früh, häufig und ausgeprägt kleine bis mittlere Früchte und Samen tragen (meist Windverbreitung) und äußerst tolerant auf äußere Extremereignisse reagieren können (z.B. schnelle Erholung). Das Holz von Pionierbaumarten ist meist weich und leicht.

Nenne Baumarten, die den r-Strategen zuzuordnen sind.

Aspe, Birke, Esche, Pappel, Lärche, Kiefer

Nenne Baumarten, die den k-Strategen zuzuordnen sind.

Buche, Tanne, Eibe, Hemlocktanne

Welche Ziele werden mit Durchforstungen verfolgt?

- **Ökologisch**: Steuerung der Baumartenvorkommen und -anteile, des Zuwachses, Ertragspotentials und Erhöhung der Vitalität, insb. Stabilität der verbleibenden Bäume, ggf. frühe Schaffung von Wuchsräumen für die nächste Waldgeneration
- **Ökonomisch**: Qualität, der verbleibenden Bäume in einem Wald steigern und ggf. positive Deckungsbeiträge mit dem geernteten Holz erzielen

Was versteht man unter Durchforstung?

Erzieherische Maßnahme in der Forstwirtschaft, je nach Baumart oberhalb einer Kronenhöhe ab circa 12-15m, die sich in Durchforstungsstärke (z.B. schwach, mäßig, stark), Intensität (=Häufigkeit, 0-3 Mal im Jahrzehnt) und Vorgehen unterscheidet.

Welche Durchforstungsarten gibt es?

- **Nicht durchforstet bzw. undurchforstet**: Die Baumzahlabnahme folgt einem natürlichen Selbstausdünnungsprozess nach Yoda (1963) bei einem konstanten Faktor um -3/2.
- **Niederdurchforstung**: Fokus der Entnahme auf die schwachen, schlechtwüchsigen Bäume in einem Kollektiv bzw. Waldort und Verbleib derer mit breiterem Stamm und vitalerer Krone.
- **Hochdurchforstung:** Entnahme aus dem herrschenden Kollektiv vitaler Bäume. Die Auslesedurchforstung fokussiert dabei auf besonders erlesene Bäume (sog. Zukunftsbäume oder kurz Z-Bäume), die aufgrund ihrer Vitalität und Qualität als besonders förderungswürdig erachtet werden.

Zusatzwissen

Ist mit der Entnahme von Bäumen die Einleitung der nächsten Waldgeneration verbunden, spricht man von Endnutzung.

Wodurch zeichnet sich eine Lichtbaumart, Halbschattbaumart und Schattbaumart aus?

- **Lichtbaumart**: benötigt viel Licht zum Gedeihen, kann schnell Lebensräume besiedeln und hat ein zumeist rasches Jugenwachstum, die Pflege zielt daher auf eine rechtzeitige Freistellung ab.
- **Halbschattbaumart**: Verträglichkeit eines leichten Schattens durch Nachbarbäume, z.B. Hainbuche, Fichte.
- **Schattbaumart**: hohe Konkurrenzkraft der Bäume, wenn erst einmal erfolgreich etabliert. 1/10 bis 1/100 des Sonnenlichts reicht für ein Wachstum aus, womit eine Verjüngung unter dem Blätterdach von Altbäumen möglich ist. Die eigentliche Toleranz hängt von dem Baumalter und der Nährstoffverfügbarkeit im Boden ab.

Was versteht man unter den Abkürzungen AB und BB?

- **AB**: Ausscheidender Bestand, also jenes Baumkollektiv, das nach einer forstwirtschaftlichen Maßnahme (Baumzahlreduktion) von der Fläche entnommen wird oder umgeschnitten und liegen bleibt (z.B. Bedränger).
- **BB oder VB**: Bleibender bzw. verbleibender Bestand, also Bäume, die nach einer forstwirtschaftlichen Maßnahme (Baumzahlreduktion) lebend, also stehend auf der Fläche verbleiben (z.B. Z-Bäume).

Was versteht man unter der Abkürzung i?

- **i:** (engl. increment) Abkürzung für Zuwachs, z.B.:
  i_D Durchmesserzuwachs, abhängig von z.B. Baumart, Standraum, sozialer Stellung, Messhöhe am Stamm, Messzeitpunkt im Jahr
  i_G Grundflächenzuwachs
  i_H Höhenzuwachs, abhängig von nachbarschaftlichen Verhältnissen (insb. Konkurrenz), Witterung (Vorjahr und aktuell), dem Baumalter (insb. in der Jugend hoch), ein guter Weiser für die Standortproduktivität, z.B. i_H der D_{100}, also der 100 dicksten Bäume je Hektar.
  i_V Volumenzuwachs, ein guter Weiser für die Standortproduktivität

Was versteht man unter den Abkürzungen lGz und dGz?

- **lGz**: Laufender Gesamtzuwachs (Vfm/Hektar oder Efm/Hektar)
- **dGz**: Durchschnittlicher Gesamtzuwachs (Vfm/Hektar oder Efm/Hektar)

Was versteht man unter den Abkürzungen F, G, GWL, N, V, SV, VNP?

- **F**: Formzahl
- **G** (m²/Hektar): Grundfläche, z.B. Gesamtsumme aller Flächenquerschnitte der Bäume je Hektar in 1,3m Höhe
- **GWL**: Gesamtwuchsleistung (Vfm/Hektar oder Efm/Hektar) und Summe des aktuellen Vorrats je Hektar plus die Summe aller Vornutzungen (ins. Durchforstungen).
- **N**: Baumzahl je Hektar. Besonders in der späten Jugendphase und bei einem hohen Dichtstand herrscht ein harter Verdrängungswettbewerb, der mit einer Baumzahlabsenkung verbunden ist.
- **V**: Vorrat je Hektar (Vfm/Hektar oder Efm/Hektar), möglich ist auch die Berechnung vom Volumen des AB in einer Periode.
- **SV**: Summe der Vornutzungen bis zu einem bestimmten Zeitpunkt oder Alter (Vfm/Hektar oder Efm/Hektar)
- **VNP**: Vornutzungsprozent (SV/GWL*100)

Was versteht man unter der (Oberhöhen-) Bonität (engl. site index)?

Die Bonität ist der Weiser für die baumindividuelle Wuchskraft auf einem bestimmten Standort. Die sogenannte Ertragsklasse (= Bonität) lässt sich über die Beziehung von Oberhöhe zu Alter ableiten.

Zusatzwissen

Die Bonität ist finanzwirtschaftlich, etwa in der Waldbewertung und -besteuerung relevant.

Was versteht man unter dem Mittelstamm?

Repräsentativer Baum aus einem Waldort oder Baumkollektiv, der z.B. den Mittelwert oder Median der Durchmesser-, Höhen- oder Volumenverteilung bildet.

Welche Möglichkeiten gibt es um Walddaten (z.B. Baumhöhe, Durchmesser) in einer Befundeinheit, einem Waldort oder Distrikt zu erheben?

- **Vollaufnahme**: in Dauerwäldern oder Wäldern mit vielen Wertbäumen geeignet
- **Stichproben:** Stichprobengröße ist stark abhängig von der Homogenität des aufzunehmenden Parameters innerhalb eines Waldes; z.B. schlagweise Hochwald oder Dauerwald. Die Stichprobe kann zufällig oder systematisch mit Probekreisen, -quadraten oder -streifen erfolgen.
- **Schätzung auf Basis von Ertragstafeln**: Mithilfe von Eingangsgrößen wie Höhe über Alter und der Bestimmung der Wuchskraft bzw. Bonität eines Standorts und der in der Ertragstafel hinterlegten zahlenbasierten Zusammenhänge, Gesetzmäßigkeiten und Funktionen lassen sich unbekannte Variablen ableiten.

Zusatzwissen

Mithilfe von Ertragstafeln lassen sich Variablen herleiten, wie Baumartenanteile, Baumzahl, Grundfläche, Vorrat, Höhe oder mittlere Durchmesser.

Zur Prüfung der Nachhaltigkeit gibt es das Verfahren bzw. die Formel nach Gehrhardt (1923) zur Hiebssatzbestimmung, wie lautet diese?

Hiebssatz = $\frac{lGz + dGz}{2} + \frac{Vw - Vz}{a}$

Wenn:

Vw = wirklicher Waldvorrat

Vz = Zielvorrat

a = Ausgleichszeitraum, z.B. 30-50 Jahre

Wie hoch können die Vorräte pro Hektar eines bewirtschafteten Waldes im Alter von 100 Jahren in etwa sein, wenn er nur mit Fichte oder Buche bewaldet ist?

- **Fichte**: ca. 400-650 Festmeter/Hektar
- **Buche**: ca. 250-550 Festmeter/Hektar

Zusatzwissen

Diese Informationen lassen sich für schlagweise Hochwälder aus Ertragstafeln oder Schätzhilfen ableiten. Der tatsächliche Vorrat ist dabei maßgeblich von der Ertragskraft bzw. Wuchsleistung des Standorts und der Behandlung abhängig.

Wie hoch können die jährlichen Volumenzuwächse pro Hektar bei der Baumart Fichte und Tanne, sowie Buche und Eiche im Alter von 35 bis 45 Jahren sein?

- **Fichte, Tanne**: bis zu ca. 25 Festmeter und ggf. mehr
- **Buche, Eiche**: bis zu ca. 15 Festmeter und ggf. mehr

Nach welchen Kriterien werden die Auslesebäume bzw. Zukunftsbäume (Z-Bäume) ausgesucht?

- **Vitalität** (insb. mit dem Blick in die Baumkrone)
- **Qualität** (insb. die untersten ca. 5 Meter eines Stamms)
- **Räumliche Verteilung und Abstand der einzelnen Z-Bäume zueinander**

Zusatzwissen

Für die Auswahl und Markierung (mit Sprühfarbe oder Bändern) von Zukunftsbäumen eignen sich der Spätherbst und Winter, da Bäume im laubfreien Zustand besser in ihrer Kronenarchitektur angesprochen werden können. Es gibt jedoch auch zahlreiche Situationen, insb. unter krankheitsleidenden Bäumen, in denen die Ansprache im Frühjahr oder Sommer unerlässlich sein kann.

Bäume, die die Kronenentwicklung eines Zukunftsbaums hemmen bzw. beeinträchtigen, nennt man Bedränger.

www.ingramcontent.com/pod-product-compliance
Lightning Source LLC
Chambersburg PA
CBHW021437210526
45463CB00002B/554